U0180228

华夏衣橱

顾小思 杜田 · 编著

图解中国传统服饰

电子工业出版社

Publishing House of Electronics Industry

北京 · BEIJING

图书在版编目（CIP）数据

华夏衣橱：图解中国传统服饰/顾小思，杜田编著.--北京：电子工业出版社，2022.11

ISBN 978-7-121-44365-7

I.①华… II.①顾… ②杜… III.①汉族－民族服装－中国－图集 IV.①TS941.742.811-64

中国版本图书馆CIP数据核字(2022)第183095号

责任编辑：田　蕾

印　　刷：河北迅捷佳彩印刷有限公司

装　　订：河北迅捷佳彩印刷有限公司

出版发行：电子工业出版社

　　　　　北京市海淀区万寿路173信箱　邮编：100036

开　　本：787×1092　1/16　印张：15.5　字数：396.8千字

版　　次：2022年11月第1版

印　　次：2025年1月第11次印刷

定　　价：138.00元

凡所购买电子工业出版社图书有缺损问题，请向购买书店调换。若书店售缺，请与本社发行部联系，联系及邮购电话：（010）88254888，88258888。

质量投诉请发邮件至zlts@phei.com.cn，盗版侵权举报请发邮件至dbqq@phei.com.cn。

本书咨询联系方式：（010）88254161~88254167转1897。

读者服务

读者在阅读本书的过程中如果遇到问题，可以关注"有艺"公众号，通过公众号中的"读者反馈"功能与我们取得联系。此外，通过关注"有艺"公众号，您还可以获取艺术教程、艺术素材、新书资讯、书单推荐、优惠活动等相关信息。

扫一扫关注"有艺"

投稿、团购合作：请发邮件至 art@phei.com.cn

中国服饰编年史

汉（前206—220）

从刘邦建立西汉开始，汉朝经历了400余年的发展，其服饰文化也起到了承上启下的作用。

"曲裾深衣"是汉服深衣的一种，也是秦汉时期常见的服装。深衣根据衣裾是否绕襟可以分为直裾和曲裾。西汉时期，男装与女装十分相似，都以三重衣着装为主。

晋（265—420）

魏晋南北朝时期，战乱频繁，因此各民族在服饰上会相互渗透、影响，再加上佛教思想的影响，大多数魏晋名士都穿着宽大的外衣。而女子的服装则是裙襦加蔽膝，飘带垂挂，非常飘逸。

朝代歌

三皇五帝始，尧舜禹相传。夏商与西周，东周分两段。
春秋和战国，一统秦两汉。三分魏蜀吴，二晋前后延。
南北朝并立，隋唐五代传。宋元明清后，皇朝自此完。

唐（618—907）

唐朝是中国古代服饰史上的第3次大变革时代，
因为唐朝实行开放政策，对西域等国家兼容并
蓄，因此时世妆等非常流行。唐朝女子衣着一
般都是上衫下裙；盛唐时，衣裙渐宽，裙腰上移，
服色艳丽，发髻也越发高耸。

唐朝男子上至官员下到平民，穿圆领袍的居多。
当然，袍子的长度是不一样的。而圆领的样式
也是由一部分胡服改良而来的。

宋（960—1279）

宋朝的服饰继承了唐朝服饰的遗风，特别是男
子基本都穿交领或者圆领的长袍。

宋朝女子服饰比较特别的就是褙子，修长适体，
一般用丝、罗制作。

元（1206—1368）

元朝汉族人着装与宋朝人着装相似，贵族男子和女子均穿着少数民族的服饰。元朝男子主要穿着质孙服。质孙服是较短的长袍，比较紧窄，在腰部有很多衣褶，便于上马下马。元朝的贵族妇女，常戴"罟（gǔ）罟冠"，穿着长袍，宽大且长，一般的平民妇女多穿黑色的袍子。

明（1368—1644）

明朝服饰上承周汉，下取唐宋。但是因为封建礼教的影响，衣服愈发宽大，与前朝相比，上衣比例被拉长，裙子长度则被缩短，中期女子服饰还出现了竖领款式。

明朝的男子服饰则受到道教的影响，也叫作道袍，一般都是士大夫穿着。

清（1616—1911）

清朝推行剃发易服令，废除了明朝的冠冕、礼服，以及汉族的一切服饰，但满族服饰同时吸纳了明朝服饰的纹理图案。清朝男子剃发留辫，辫垂脑后，穿长袍、短靴。

清朝女装，汉、满族发展情况不一。汉族妇女在康熙、雍正时期还保留明朝服装的款式，流行小袖衣和长裙；乾隆时期以后，衣服渐肥渐短，袖口则越来越宽，有时还会加上云肩。

中华民国（1912—1949）

这是一个中西文化交融的时期，一部分男子穿着马褂长袍，一部分则穿着中山装。

旗袍在 1932 年之后成为最普遍的女子服装，是从清朝旗女的袍服直接发展而来的。

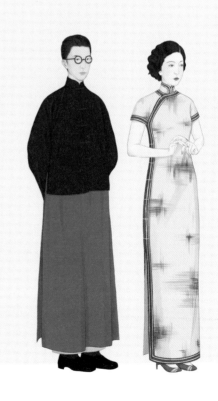

推荐语

　　《华夏衣橱 图解中国传统服饰》作者顾小思，在国外学习多年，回国后从汉服、妆容视角，投入我国非遗文化的研究和传承，在短短几年内，即发表多部著作，取得多项有份量的荣誉称号，成为非遗文化传承队伍中一名有影响力的成员。作者杜田凭借扎实的服装专业类高校学习的知识，在一年多时间内绘制出几百幅人物和服饰图像，一举在自己的奠基之作中打出了品牌，在未来发展道路上筑起了坚实的基础。两位作者以传承传统文化的高度责任心和追求卓越的孜孜热情，使本书成为一部高品位的科普作品。

　　著作对 618 年至 1949 年，即唐朝至中华民国六个朝代（历史时期）服饰，以及"中国的戏剧服饰""二十四节气的穿搭与习俗"的考证，展示了华夏汉民族服饰文化的不同朝代的个性化特征及其朝代间的传承性特征。服饰文化的不变和变统一于华夏文化总的历史发展进程。研究和普及华夏服饰文化的继承和发展知识，是这部著作承载的任务。可以肯定地说，作者追求的目标达到了。

　　著作坚持了理必有据的实事求是原则。诚如作者在前言中记述，"整本书的服装形制都参考了留存在世的壁画、绘画作品和出土衣物来进行绘画还原"。汉朝是历史上占有极为重要地位的朝代，因为缺乏有代表性的可参考依据，"我们舍弃了汉朝时期的服饰内容"。能够做出如此果断决定的作者，其著作中的人物特点、服饰形制、文字点评都是可信任的。读者和作者之间的这种信任，应该是这部著作获得社会广泛认可的不竭源泉。

　　著作文字点评简练，人物形象和服饰表达文雅大气，满足了科普读物的基本要求。全书六个朝代（历史时期）中的每个朝代，都区分为"经典服饰"等四种类型，每种类型又以男女相区分，同时配有平展的服饰图样，一层一层展开，人物栩栩如生，服饰繁简有致，纹饰各异，着色和谐。所有这些都使全书层次清晰，图文并茂，从开篇到结语都引人入胜。相信社会中不同年龄、不同文化层次、从事不同工作的人，都可以从这部著作中吸取各自需要的内容。

　　作者预测，未来汉服应该也和绘画一样，在发展中将会出现若干分支。从古至今，汉服异彩纷呈，由服饰表征的文化内蕴丰富，从事汉服非遗文化研究和普及的工作者，未来任重道远。

吴焕荣 （北京科技大学教授，研究生导师）

2023 年 5 月 1 日

前言

第一次计划写这本书是因为小侄女问我汉服和唐装怎么不一样啊，我才意识到原来绝大多数人以为汉服是汉朝的服饰，而其实汉服是汉民族服饰的统称。汉服知识的基础科普非常重要，而市场上大多数相关图书是不适合小孩子阅读的，整体比较晦涩难懂。

然而随着汉服运动的兴起，文化自信、文化骄傲在新一代人的心里落下种子，汉服文化的科普必然会到来。于是，我想也许可以试试找插画师合作。在被周边的插画师都拒绝了以后，我短暂地放弃了这个项目，因为绘画的工作量很大，绘画也需要对大量的史料进行研究。现在整本书的服装形制都参考了留存在世的壁画、绘画作品和出土衣物来进行绘画还原，以求学术上的严谨。这也就是为什么我们舍弃了汉朝时期的服饰内容，因为留存的可供我们参考的资料太少。

然而，一切都是最好的安排。我的汉服品牌投资人多次从北京飞来杭州找我洽谈新品牌，最终我们并没有达成合作，但是却认识了这本书的插画师杜田。那时杜田还是在校生，以接一些商业插画为副业，也没有画过汉服。作为正统的服装学院的学生，学习的基本都是西方的绘画技法。几经磨合后，她很好地完成了新品牌的汉服设计。然后，我问她是否愿意接受汉服图书绘画的挑战，没想到她一口答应了，也很负责任地研读一手史料，以求严谨。

写书这件事，有太多的因缘际会了。但计划赶不上变化，我在 2017 年编写《美人云鬓 国风盘发造型实例教程》的时候对汉服的审美，在 2021 年编写《美人出画 从仕女画中学国风妆容造型》的时候就已经被全部推翻了。未来汉服应该也会和绘画一样分成几个派系：新中式审美、时尚汉服、复古汉服，这些都会是流行趋势。而怎么能了解汉服历史？那就从这本汉服图文科普书开始。这本书很适合亲子互动阅读。快来一起了解中国的传统服饰吧！

顾小思

2022 年 2 月 5 日

江苏宜兴

目录

茶器

第 1 章

隋唐至五代
妆造服饰
盛宴

1.1 历史背景

隋唐至五代是中国历史上非常重要的一个时期，共有300多年。其中不同于隋朝的初创、五代的纷争，唐朝占据着史上相当重要的地位，可以称得上是中国封建社会最为辉煌的一个朝代，国势强大，物产丰富，思想开放，包容百纳，更有万国来朝的盛世景象。隋朝自文帝开国至恭帝止，仅有三十几年，文帝在位的时候，减轻税负，百姓得以休养生息，国库也算殷实。到了他的儿子隋炀帝继位后，除了修建了一条大运河，基本上来说是好大喜功，穷兵黩武，各种苛捐杂税，可以称得上是荒暴了。百姓们忍受不了就起义了，于是乎各地纷纷揭竿而起，隋末大乱。我们从小看到的很多电视剧，诸如《隋唐演义》《隋唐英雄传》，就是取材于此，正所谓"乱世出英雄"。

然后，李渊灭隋，众望所归地开创了新的王朝——唐。由此开启了大唐王朝长达289年的盛世。

李渊之后，唐太宗李世民也是一位励精图治的好皇帝，他在位的20多年间，政通人和，民生安乐，其统治时期被称为"贞观之治"。

唐太宗同时也是一位非常注重教育的皇帝，除汉人外，新罗、百济、吐蕃都不远万里地来大唐交流学习。其中日本尤为喜爱大唐文化和风俗，派遣了大量的僧侣和贵族子弟前来长安学习。

唐太宗还解决了历史遗留问题。西域各国俯首称臣，主动遣使朝贡，归顺大唐，天山南路一带及漠北一带也都纳入了大唐版图。

直至唐玄宗十年为止，大唐依旧国泰民安。此时的唐朝浑然不知这样的太平盛世只是暴风雨来临前的宁静，直至"安史之乱"爆发，唐朝由盛转衰。

"安史之乱"以后，朝廷元气大伤，各地藩镇割据，最终唐朝走上了亡国之路。

唐朝以后就开始了分裂割据的五代时期，后梁、后唐、后晋、后汉、后周的版图狭窄，和这五个朝代同时并立的有多达十几个政权，当时的混乱可以想象，社会秩序紊乱，政治腐败，经济凋弊。

由隋朝起，经盛唐至五代十国的混乱，在中国历史上是非常具有代表性的，这期间的妆容服饰也能体现出发展变化。

1.2 隋唐至五代经典服饰

说到妆容和服饰部分，隋朝女子的装扮比较朴素，人比较瘦长，不像魏晋南北朝时有那么多的样式变化，也不像唐朝时那么多姿多彩，这样一直延续到初唐。在初唐燕妃墓壁画中可见身形瘦长的初唐女子。

之后，大唐国势日渐强盛，经济繁荣，且有了一代女帝的执政时期。武则天执政时期，女性地位上升，用度奢侈更是日益增长，原本只是用在衣服的腰带、袖口等位置的昂贵织锦面料，开始被用来整体裁剪穿着。这个时期的女子很喜欢穿着褾子，从新疆吐鲁番阿斯塔那墓出土的唐朝女木俑的衣着就能看出这股奢靡的风潮。日本奈良正仓院也收藏了几件褾子，从中可见其精美程度。载初元年，武则天改唐为周，正式称帝之后，女子喜爱以精美织锦做的褾子来盖住精巧的里衣，配以帔（pèi）子绕在胸口，颇有一番我们现在使用丝巾的样子。

· 初唐燕妃墓壁画

参考初唐燕妃墓壁画绘制

细头钗

双鬟望仙髻

发梳

花钿

花头簪

斜红

面靥

圆领大襟对穿褙子

窄袖圆领对开襟式衫子

帔子

间色裙

这个时期的间色裙很流行，间色的裙条开始变得越来越细了，当时有着"七破间裙""十二破间裙"等说法，更说明了拼接的布条数量之多

云头履

单螺髻

花钿

面靥

参考吐鲁番阿斯塔那 230 号墓出土
绢本设色画《舞乐屏风图》绘制

直领对襟褙子

垂领衫

帔子

从中可以看出，这特殊的"武
周服"彰显了那个时期女子
的风华绝代。
这里展现了绯色衫子、卷草
宝花纹织锦褙子、红色长裙
和鹅黄帔子的搭配

交窬裙

重台屦

017

唐朝因其海纳百川的
气度，频繁地接触少数民
族，而受到少数民族的思想
观念的影响，社会风气开
放，生活富裕了自然就要追
求潮流与时尚了。

三角髻

长柄团扇

圆领袍

革带

柿蒂纹

· 女着男装
参考《弈棋仕女图》绘制

线鞋

唐朝女性可以说是中国历史上最为幸福的女性，她们的穿着与打扮
怪异新奇，可以穿胡服、军装、男装等，可谓标新立异的典范。

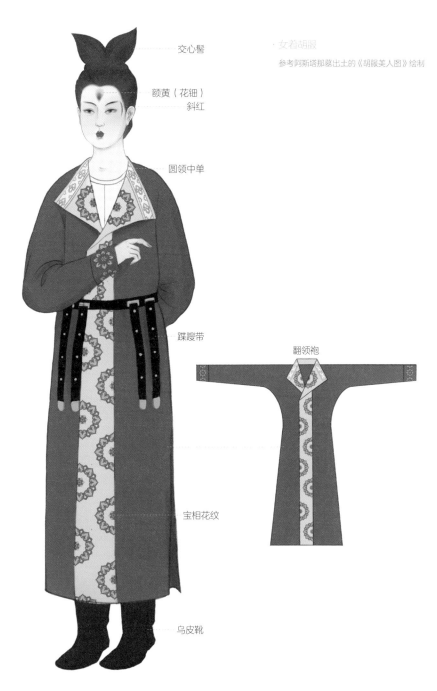

交心髻

· 女着胡服

参考阿斯塔那墓出土的《胡服美人图》绘制

额黄（花钿）

斜红

圆领中单

蹀躞带

翻领袍

宝相花纹

乌皮靴

唐朝因与少数民族交融甚多，女子穿胡服更是多见，圆领袍、翻领袍便于骑马运动，不仅贵族女子会这么穿，不少宫女丫鬟也会因为方便而这么穿

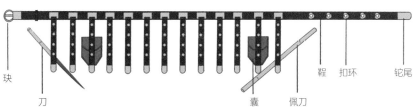

銙

刀

囊

佩刀

鞓

扣环

铊尾

到了流行丰腴圆润身材的盛唐时期，从开元到天宝年间，无一不展现出大唐盛世的魅力。随着武则天的势力退去，大唐女性从权力的顶峰慢慢隐去，再次回到了内宅，她们旺盛的创造欲就只能在装扮上更为费心。再加上大唐盛世无内忧外患，饱食无忧，身材自然也就日渐丰腴，此时褙子在造型上也日渐宽松。

倭堕髻

褙子

小团花纹样

宽袖衫子

花草高腰裙

上衫下裙这类常见的唐朝服饰在这个时期日渐形成，不仅可以满足越发丰腴的女子的需求，面料也越发飘逸轻柔

· 开元中后期
　西安唐墓女俑

翘头鞋

参考西安唐墓出土的女人俑绘制

到了天宝年间，出现了我们较为熟悉的唐朝造型，宽大的衣服、浓厚的脂粉营造出了更为浓重的妆感；可能是为了行动方便，此时的衣衫虽然袖根依然很大，但是袖口却有所收小；服饰色彩也使用了大红、大绿、大紫的浓艳色彩。

盘桓髻

花钿

花草纹

宽袖衫子

· 天宝年间形象
　树下美人图
参考新疆吐鲁番阿斯塔那墓出土的
《树下美人图》绘制

花草纹

帔子

高腰裙

云头履

《弈棋美人图》

参考新疆吐鲁番阿斯塔那
187 号墓美人绢画屏风绘制

到了中唐，有不少绘画留世，如张萱的《捣
练图》、周昉的《内人双陆图》等，明确地向
我们展示了中唐时期女性的造型妆容。

· 捣练图

参考张萱的《捣练图》绘制的小场景

"安史之乱"以后，大唐国力渐弱，女子装束浓妆艳抹的绯色慢慢地弱化下去了，妆面开始变得白净。且因为当时胡人入侵，唐朝排胡情绪严重，也使得服装的色彩从浓艳大胆逐渐变得柔和娴静，款式也不再那么大胆。

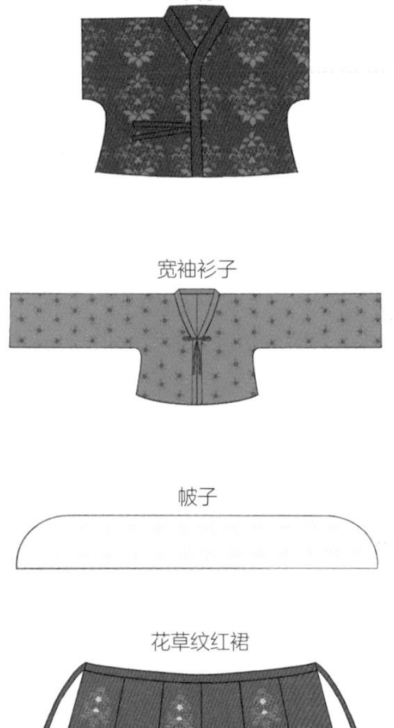

云鬓

簪

通草花

插梳

香炉

帔帛

半臂

宽袖衫子

帔子

花草纹红裙

· 盛唐供养人

笏头履

到了唐宪宗、唐文宗时期，奢靡之风又起，女子的衣袖越来越长，发髻越堆越高，妆容也越发古怪了起来，画黑烟眉，把嘴唇涂成黑色，攀比之风盛行，唐文宗不得不下禁令推崇节俭之风。

高鬟危髻

黑烟眉

博鬓簪

乌膏注唇

帔子

大袖披衫

绫裙

·时世妆

参考陕西西安韩家湾壁画绘制

晚唐及五代时期，以
法门寺地宫出土的一些服
饰为参考资料，可以窥见披
衫的影子，轻薄的披衫成为
晚唐及五代女性的挚爱。

花钗
花树
插梳
花钿
簪
鸟鹐
衫
花草纹
宝相花纹
笏头履

帔帛

大袖披衫

裙

簪花

花钿

高髻

细头钗

帔子

大袖披衫

诃子裙

不管是《引路菩萨图》，还是《簪花仕女图》，从中都可以看见这类服饰的样式唐朝男子多穿衫、裤、半臂等，其中半臂是比较具有唐朝特色的男子服饰，因受胡风影响，衣服一般为窄袖，方便行走，一般半臂还与缺胯衫搭配，腰间搭配革带。

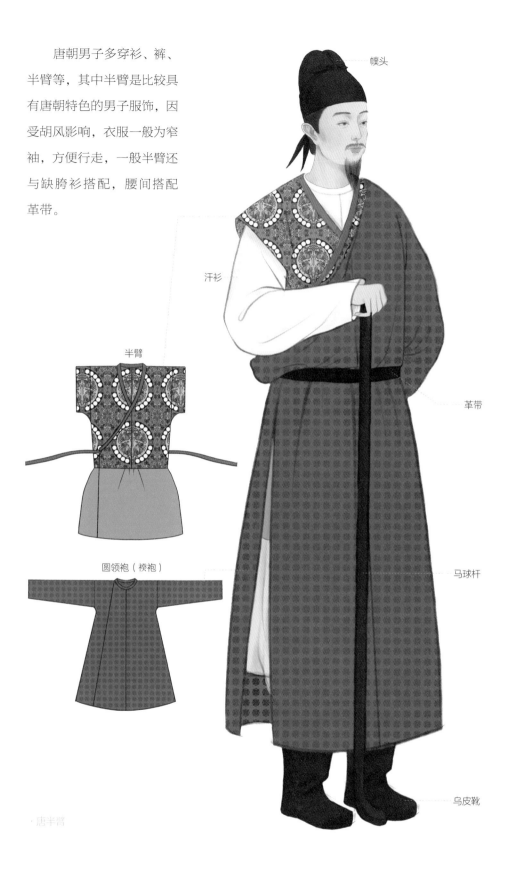

幞头

汗衫

半臂

圆领袍（襕袍）

革带

马球杆

乌皮靴

·唐半臂

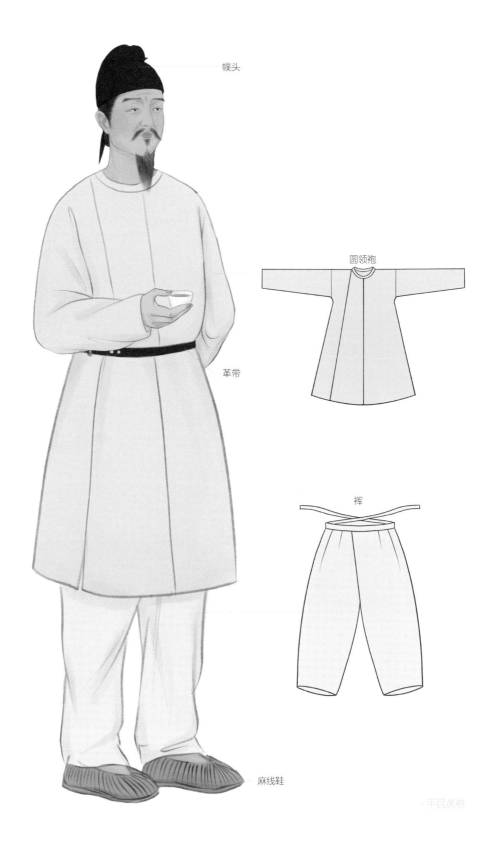

幞头

圆领袍

革带

裈

麻线鞋

唐朝平民男子则会穿着圆
领窄袖衫，下身穿着束口
裤，以方便劳作

· 平民黄袍

1.3 唐朝宫廷服饰

  唐朝皇帝的服饰种类繁多。有大裘之冕、衮冕、鷩冕、毳冕、绣冕等 12 种之多。但是在后来的实践当中，皇帝服装又不断地简化，本节介绍常见的衮冕、通天冠服和常服。

  衮冕是皇帝在拜祭宗庙，举行登基典礼、冠礼、正月初一大朝会等时穿着的。

上衣

白纱中单

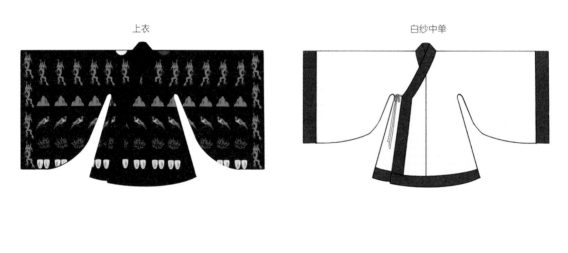

蔽膝

下裳

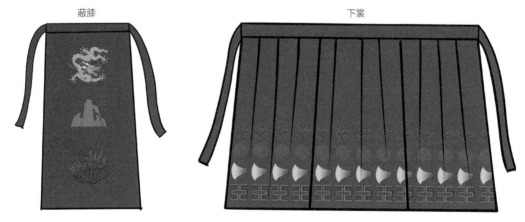

衣服上装饰着十二章纹，
一般会搭配冕冠一起穿着，
非常隆重

冕冠

通天冠

玉簪导

旒

充耳

天河带

月纹

白纱中单

上衣

蔽膝

大带

下裳

舄

延（前圆后方）

日纹

革带

龙纹

山纹

青褾、襈、裾

华虫

火纹

宗彝

黼纹

黻纹

唐朝皇帝的通天冠服是在诸祭还朝、
冬至、元旦日朝会群臣等场合穿着的。

通天冠
金博山
蝉纹
玉簪导
方心曲领
大带
白裙襦
白假带

绛纱袍

白纱中单

蔽膝

红罗裳

· 唐皇帝通天冠服

赤黄圆领袍衫

幞头
（折上巾）

团龙纹

銙带（九环带）

六合靴

六合靴

唐朝皇帝的常服一般是赤黄袍衫，自贞观以后，除了元旦、冬至和大祭祀等重大场合，在其他的场合皇帝都穿着常服。

幞头

圆领袍

赤黄圆领袍

革带

六合靴

·唐皇帝常服
圆领袍

唐朝皇后的服饰主要分为袆衣、鞠衣和一般礼服 3 个品类。

这里只介绍前两个品类。

唐朝皇后的袆衣是皇后最高形制的礼服，在册封、婚礼、接受朝拜时都需要穿着袆衣。

大袖交领袆衣

素纱中单

蔽膝

· 唐皇后袆衣

花钗

花树

斜红

博鬓

黼文

翟纹

绶

玉佩

绶

衣服是深蓝黑色的，以翟鸟作为纹饰

褾

襈

舄

鞠衣是皇后举行亲蚕礼时所穿的礼服，衣服整体由黄色的纱罗制作而成，但是没有翟鸟作为纹饰。

花钗
花树

博鬓

黼文

亲蚕礼：是由皇后主持，率领众嫔妃祭拜蚕神嫘祖并采桑喂蚕，以鼓励国人勤于纺织的礼仪，和由皇帝所主持的先农礼相对

大袖交领鞠衣

素纱中单

蔽膝

玉佩
绶

襟

襈舄

·唐皇后鞠衣

唐朝文武官员在参加
祭祀活动和重大政事活动
的时候所穿着的礼服统称
为朝服，并不是上朝所穿着
的衣服。唐朝官员朝服有3
类，分别是进贤冠朝服、武
弁朝服和法冠服。

白笔　　　　　　　　　耳

梁　　　　　　　　　展筒

笄　　　　　　　　　屋

　　　　　　　　　介帻

· 唐进贤冠朝服

白纱中单（曲领）

绛纱袍

蔽膝

笏板

革带

红罗裳

玉佩

绶

白假带

白裙襦

乌舄

038

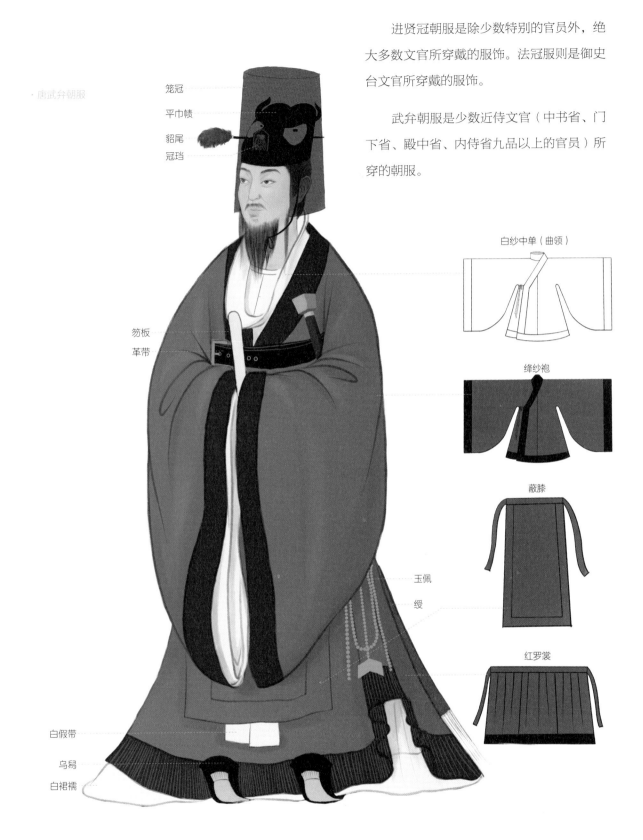

进贤冠朝服是除少数特别的官员外，绝大多数文官所穿戴的服饰。法冠服则是御史台文官所穿戴的服饰。

武弁朝服是少数近侍文官（中书省、门下省、殿中省、内侍省九品以上的官员）所穿的朝服。

· 唐武弁朝服

笼冠

平巾帻

貂尾

冠珰

笏板

革带

玉佩

绶

白假带

乌舄

白裙襦

白纱中单（曲领）

绛纱袍

蔽膝

红罗裳

唐朝官员的常服是圆
领窄袖袍衫，但是因为前后
襟下缘会用一整幅布接成
"横襕"，所以也可以叫作
"圆领襕袍"。

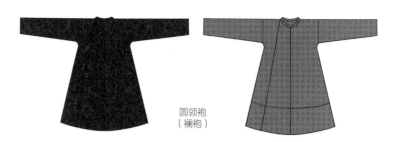

圆领袍
（襕袍）

幞头

圆领袍

笏板

金銙蹀躞带

鱼袋

膝襕

乌皮靴

· 唐朝官员的紫袍服

幞头

圆领袍

笏板

银銙蹀躞带

膝襕

乌皮靴

· 唐朝官员的绯袍服

唐朝一品到三品官服为紫袍，
四品和五品为绯袍，六品和七
品为绿袍，八品和九品为青袍

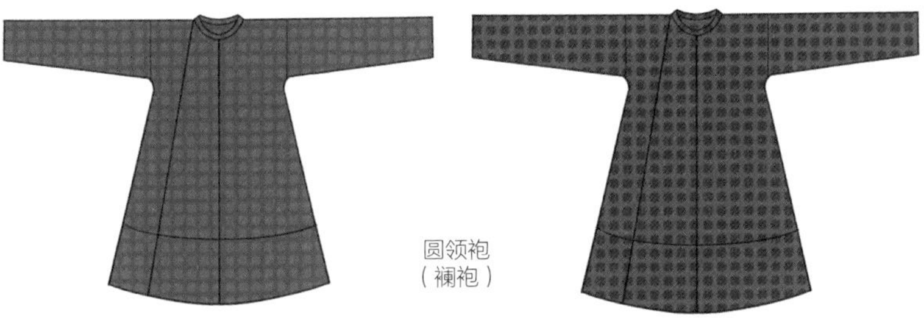

圆领袍
（襕袍）

幞头

圆领袍

笏板

银銙蹀躞带

膝襕

乌皮靴

· 唐朝官员的绿袍服

幞头

圆领袍

笏板

银銙蹀躞带

鱼袋

膝襕

乌皮靴

· 唐朝官员的青袍服

041

1.4 唐朝妆容造型

在没有互联网的古代，哪类人更能带起时尚之风呢？一类是贵族名媛，还有一类就是竞争压力非常大的教坊了。唐朝经济的富足及政治的稳定则促进了这一现象。以唐明皇为例，他就经常在勤政楼前，命令教坊数百人在御前演出；百官富商也不躲躲藏藏，经常性地大摆宴席。唐朝又是一个以厚妆为美的时代，浓妆艳抹、刻意修饰更是被奉为时尚经典，一旦出现什么新奇的妆饰方式，大家立即争相效仿，消费力带来生产力，这么完美的商业线自然只会愈加成熟，妇女装扮的发展变得异常快速迅猛。当时的长安城是各方文化交流的中心，外部带来的异域风情也是一轮新的时尚。所以，当时长安城女性的打扮必然是讲究、时髦、华丽又大胆的，毕竟不管怎么新奇另类，大家都会包容。

在唐朝，女性地位也相当高，毕竟这是一个有女帝的时代，武则天的出现，则标志着女权达到了顶峰。

至此，女性的全套化妆流程已经发展得非常完善了。各种不同的眉形、唇形，搭配上千变万化的发型和各种颜色的面饰，使得女性脸上的妆容多姿多彩，简直就是脸面上的唐朝。

此外，一些化妆材料开始了商业化的人工大批量制作，诸如胭脂、眉黛，不再仅仅选用天然材料了，这些足以说明，在唐朝，女性的化妆技术已经达到了一个前所未有的巅峰。

唐朝女性的化妆过程大致分为 7 个步骤，分别是敷铅粉，抹胭脂，画黛眉，贴花钿，点面靥，描斜红以及涂唇脂。

敷铅粉　抹胭脂　画黛眉　贴花钿

点面靥　描斜红　涂唇脂

　　虽说唐朝的妆容到达了一个巅峰，但是那个时候还没有粉底液，女性都是在脸上擦粉，因为流行以厚妆为美，大家都要把脸涂得非常白，不仅是脸，外露的部分如脖子、胸口，也都是要涂抹的，断层就不美了。脸部涂抹白色铅粉称为"白妆"。但是还有一种来自吐蕃，被称为"赭面"的底妆。赭，顾名思义就是红褐色，即把脸涂成红褐色。这不禁让我想到现在流行晒小麦肤色和晒伤妆，果然时尚就是一个轮回。唐末五代的时候还有一个特殊的脸部化妆法叫作"三白妆"，也就是在额头、鼻子和下巴3个部位用粉涂成白色，以显示出一种奇妙的色差，特殊且有代表性。

　　五代时期，面饰的发展也达到了一个相当辉煌的程度，女性们往往将用茶油花子做的大小花鸟图案贴得满脸都是。这种妆饰品是用油脂做成的，平时放在银盒内，用的时候再哈气加热粘贴在脸上，类似于现在的一次性文身贴。

　　唐朝流行红妆，也就是先敷铅粉，再涂抹胭脂，"·抹浓红傍脸斜"。因为颜色不同、深浅不同、涂抹的范围不同，晕染出的效果也不同。有时晕染在双颊，有时几乎满脸涂红，有时还会用胭脂来晕染眉眼。

面靥都用胭脂点染，盛唐以前的面靥一般都是如两个黄豆大小的点，汉朝繁钦就在《弭愁赋》中提到："点圆的之荧荧，映双辅而相望。"盛唐以后，人们开始放飞自我，发挥想象，式样也更为多变。有的像钱币形状，称为"钱点"；有的像杏一样，称为"杏靥"；还有桃靥、梅靥等各种花朵的形状。有些贵族会用各种图案来装饰，也可以叫"花靥"。花朵的图案也不一定画在嘴角两侧，也可以画在鼻子周围。至于颜色就更为多变了，红色只是基础色，金色、翠色、玉色、粉色，还有黑色都是进阶版。在面部妆饰上，他们更像是在进行一场有关盛唐的艺术创作。

　　晚唐五代以后，服饰虽然变得比较拘谨保守，不太会出现唐中期那种低胸、薄纱衣的穿着了，但是面靥妆饰却变得更为繁复。

　　"斜红"早在南北朝时期就有了，很多人都误以为是在唐朝才有的，其实只是在唐朝发展得最为鼎盛。唐朝一些墓葬出土的女俑，脸上都会绘着两道月牙形的妆饰。

　　唐朝的女性和南北朝的女性一样，在额头的中心部位敷黄色粉，称为"额黄"，也叫"鸦黄""约黄"等。我们可以在唐朝的一些诗句中窥见其貌："学画鸦黄半未成""纤纤初月上鸦黄""额畔半留黄"等。

　　贴花钿这种妆饰方法从秦朝开始就有了，只是那个时期仅在宫中流行，宫妃们有钱和时间研究面部的妆饰。到了唐朝，这种妆饰方法才开始流行开来。最为简单的花钿就是一个小圆点，复杂一点的则是用金箔、色纸、螺钿壳、茶油花子、翠鸟羽毛、云母片这些材质镂空剪成各种形状，用呵胶贴在眉心位置，有时候也会贴在眼角。

花钿的形状样式以梅花最为常见，相传南朝寿阳公主在梅花树下睡着了，有一朵梅花落于额间，由此有了著名的"梅花妆"。

多彩的花钿自然比单一颜色的额黄更好看。花钿的主色调可以分为三大类：金黄、翠绿、艳红。有时候是保留原材质的颜色，如翠鸟、金箔、云母片，有时候是根据需要来染色，即使单看花钿的样式和颜色也能想象出这一场来自唐朝的眉间盛宴。

唐人花钿图

敦煌莫高窟 121 窟壁画　　敦煌莫高窟 454 窟壁画　　陕西西安出土唐三彩俑

《桃花仕女图》　　《桃花仕女图》　　张萱《捣练图》

新疆吐鲁番出土木俑　　新疆吐鲁番出土木俑　　新疆吐鲁番出土泥头木身俑

《桃花仕女图》　　新疆吐鲁番出土绢画　　新疆吐鲁番出土绢画

《弈棋仕女图》　　《弈棋仕女图》　　《美人花鸟图》

在唐朝之前，女子用来画眉毛的材料主要是黛；到了唐朝，开始流行用烟墨画眉。其实这也和化浓妆有关联，烟墨是由松烟或桐烟作为原料制成的，被称为"墨丸"，主要用于写字，其颜色更深，且成木更低，有更多人负担得起。因为流行厚妆，唐朝人的眉毛大多画得浓重且黑。

不仅唐朝的女人爱画眉，唐朝的男人对眉毛也有偏爱，唐明皇在"安史之乱"逃难途中还颇有兴致地命人画"十眉图"作为女子修眉样式的参考。官方都发眉卡了，百姓哪能不重视？这十眉分别是八字眉、小山眉、五岳眉、三峰眉、垂珠眉、月棱眉、分梢眉、涵烟眉、拂云眉以及倒晕眉。这张官方眉卡一直到五代时期还依旧流行。通过一些史料不难看出，整个唐朝，从初唐历经唐中叶直至晚唐时期，人们对于眉形的偏爱程度还是在发生一些变化的。

初唐时期流行浓阔且长的眉形，但画法却并不相同，有的尖头阔尾，有的两头细锐，有的眉尾分梢。到了开元、天宝唐中叶的时候，开始流行纤细修长的眉形，如柳叶眉、却月眉。到唐末的时候开始流行短阔眉，不论从一些墓葬壁画还是《簪花仕女图》中都可以清楚地看见区别：画中女子的眉形短阔上扬，正是诗句"桂叶双眉久不描"中描写的桂叶眉。这个时期的服装也是越来越宽大，人的体态也越来越丰腴。在元和年间，眉形不仅粗短还经常被画得低斜，像一个八字一般，也就是所谓的"八字眉"。白居易就有诗云："乌膏注唇唇似泥，双眉画作八字低。"意思就是用很深的颜色去描画嘴唇，把眉毛画成八字，听起来非常奇怪，但这款妆容可是当年宫中和民间的爆款妆容，也被称作"啼眉妆"。

唐人眉形图

敦煌莫高窟192窟壁画

礼泉郑仁泰墓出土陶俑

乾县懿德太子墓出土壁画

周昉《簪花仕女图》

吐鲁番阿斯塔那唐墓出土绢画

西安羊头镇李爽墓出土壁画

太原南郊金胜村墓出土壁画

阎立本《步辇图》

周昉《执扇侍女图》

吐鲁番阿斯塔那张礼臣墓出土绢画

长安县南里王村韦洞墓出土壁画

吐鲁番阿斯塔那张雄妻墓出土陶俑

敦煌莫高窟130窟壁画

张萱《虢国夫人游春图》

吐鲁番阿斯塔那张氏墓出土绢画

咸阳底张湾唐墓出土壁画

不过，也不是所有人都是这么浓妆艳抹的，也有喜欢清雅的，以虢国夫人为代表，她就不喜欢特别浓艳的妆容。

在唇妆方面，唐朝又占了一个"之最"——点唇样式最为丰富的一个朝代。到唐朝末年，有名称的点唇样式就有很多了，如石榴娇、大红春、小红春、半边娇、万金红、天宫巧、淡红心等。这些名字听起来就已经秒杀了一众现在美妆博主推荐的桃花唇、元气唇。

从颜色上来看，除了已有的朱砂、胭脂本身的色调，唐朝女性更喜欢用檀色，"故着胭脂轻轻染，淡施檀色注歌唇"。

而承载的工具在此时也发展得越发完善了，《莺莺传》中描写张生给崔莺莺寄去的妆饰用品中就有提到"兼惠花胜一合，口脂五寸，致耀首膏唇之饰"，足可见当时的口脂已经是一种管状的物品了，非常接近于现代的口红。

唐朝时除女子使用口脂外，男子也使用口脂，不过他们使用的口脂一般不带颜色，类似于现在的润唇膏。女性口脂的颜色遮盖力一般都比较强，可以描绘出各种样式的唇形。

唐　花朵形唇妆　　　唐　新疆吐鲁番出土　　　唐　蝴蝶形唇妆
　　　　　　　　　　　绢画样式唇妆

隋朝女子的发型比较简单，有交心髻、双髻、双鬟望仙髻等。

· 交心髻

· 双髻

· 双鬟望仙髻

到了唐朝时期，女子的发型变化就非常丰富了，不仅继承了前朝的造型，也有了不少自己的创新。在初唐时期，女子的发型还不算多，但是外形上已经不像隋朝时的那么平整了，开始有向上蔓延的趋势。到了唐中期乃至五代，可以说是头发越堆越高，款式也越来越多。

唐朝初期的时候，贵族女子喜欢将头发梳成高耸的发髻，如非常经典的"单刀半翻髻"，这个发型是将头发梳成一把刀的形状，直立在头顶上方。单螺髻也是那个时期很流行的发型之一。

当时还有一个类似的发型也是高高地立在头上，叫作"回鹘髻"。这种发型在皇室和贵族间较为流行，毕竟要梳上去且梳理得干净也得有好几个丫鬟帮忙。

· 单刀半翻髻

· 单螺髻

· 回鹘髻

到了开元、天宝年间，发型又发生了改变，这个时期的发型被称作"密鬟拥面"，典型特征是蓬松的发髻，以及满头的小梳子（据说当时插得最多的有十几把），难道是为了随时梳理乱掉的发丝吗？但是我实验后得出的结论是，梳子可以用来固定造型，毕竟那个时期铁丝小发夹、定型啫喱这些产品还没有。"浓晕蛾翅眉"在这个时期最为兴盛。同样，这个时期女子的体态丰腴，服装也是宽袍大袖、长裙曳地的。比较典型的3个发型就是从髻、倭堕髻和闹扫髻。

从髻

倭堕髻

闹扫髻

抛家髻

在少数贵妇中还流行用假发和义髻（新疆就出土过木质的义髻），使得头发显得更为蓬松，当时这是身份地位的象征。另外还有一种发型叫作"抛家髻"，也就是"两鬓抱面，一髻抛出"，这是盛唐后期长安妇女非常流行的发髻。

到了中晚唐时期，开始流行"圆鬟椎髻"。这种样式就是将头发梳成向上的锥状的一束，再侧向一边，并用花钗、梳子来点缀。到唐文宗太和年间，发型越发夸张了，高大的鬟髻以簪挑起直竖头顶，鬟发则分为两重，用长钗在两侧撑开，称为"高鬟危髻"，极具戏剧性，直到朝廷发布了禁令，这种浮夸的风气才有所收敛。

到了晚唐五代时期，妇女的发髻又增高了，并且开始流行在发髻上插花作为装饰。后来宋初流行的花冠就是从五代时期发展延续而来的。唐朝人尤其喜爱牡丹花，觉得它雍容华贵、富贵非凡，喜爱将它插于发间。

唐朝女性的发髻式样非常多，名称也非常多，大多喜欢梳髻或者鬟，也很崇尚高髻，更加注重华美的饰物，所以唐朝女性的发饰也是华美异常

小故事：裙幄之宴

·裙幄之宴

在当今社会，女子出入各类场所已是家常便饭，但是在礼教森严的古代，女子是很少有机会出门的，那么不能随便抛头露面的她们是否一直都关在深重的大门内呢？其实不然，在唐朝有专门为女子而设的"探春宴"和"裙幄宴"。

"探春宴"与"裙幄宴"是唐朝开元至天宝年间仕女们经常举办的两种野外设宴聚餐活动。一般选择在野外风景秀丽的地方，她们既可欣赏自然美景，满足审美需求，又可品尝美味佳肴，满足食欲。

"探春宴"的参加者多是官宦及富豪之家的年轻女子。据《开元天宝遗事》记载，该宴在每年农历正月十五后的"立春"与"雨水"二节气之间举行。此时万物复苏，达官贵人家的女子们相约做伴，由家人用马车载餐具、酒器及食品等，到郊外游宴。首先踏青散步游玩，呼吸清新的空气，沐浴和煦的春风，观赏秀丽的山水；然后选择合适的地点，搭起帐幕，摆设酒肴，一面行令品春（在唐朝，"春"含有二重意义：一是指一般意义的春季；二是指酒。故称饮酒为"饮春"，称品尝美酒为"品春"），一面围绕"春"字进行猜谜、讲故事、作诗联句等娱乐活动，至日暮方归。

每年三月，皇家的曲江园林（位于今西安市东南郊的曲江村）也对外向士、庶开放，供人们游赏设宴。女子们到此游宴先是"斗花"，然后设"裙幄宴"。

所谓"斗花"，就是青年女子们在游园时，比谁佩戴的鲜花名贵、美丽。长安富家女子为了在斗花中显胜，不惜重金争购各种名贵花卉。当时名花十分昂贵，非一般民众所能买得起。游园时，女子们"争攀柳带千千手，间插红花万万头"，成群结队地穿梭于曲江园林间，争奇斗艳。游玩到一定的时间，她们便选择适当的地方，以草地为席，四周插上竹竿，再将裙子连结起来挂于竹竿，搭起临时的饮宴帐幕，女子们在其中设宴聚餐，时人称之为"裙幄宴"。

"探春宴"与"裙幄宴"参加者均为女性，雅致有趣，这一点有别于其他饮宴；饮宴地点设于野外，可使平时深居闺门的女子们一消往日的郁闷心情，有点像我们现在的野餐。在这样的宴席上，女性也会聚集饮酒，这是当时唐朝社会女性地位比较高的一种表现。

· 骆驼载乐
参考唐三彩骆驼载乐俑绘制

1.5 唐朝经典纹样

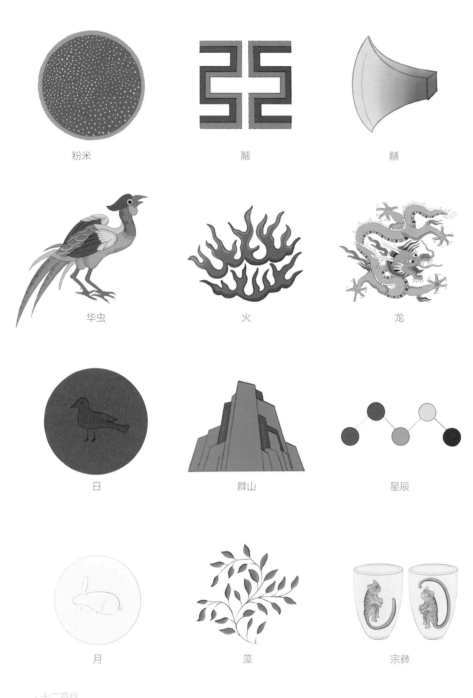

粉米

黻

黼

华虫

火

龙

日

群山

星辰

月

藻

宗彝

· 十二章纹

● C2　　M84　Y97　K6　　　　● C69　M6　　Y84　K5

○ C5　　M16　Y63　K1　　　　○ C12　M13　Y49　K1

● C89　M73　Y27　K34　　　　○ C0　　M27　Y86　K1

● C83　M21　Y89　K39　　　　● C75　M72　Y65　K77

● C9　　M95　Y57　K19

○ C2　　M3　　Y8　　K0

● C64　M39　Y69　K13

○ C16　M13　Y40　K1

· 四天王狩猎纹

· 撒单（苔）对鹿纹

宝相花纹

绿地十样花纹

● C19　M9　Y69　K0

● C1　M10　Y85　K1

● C4　M29　Y57　K1

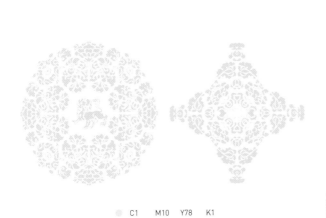

● C1　M10　Y78　K1

联珠菱纹朵花纹

立狮宝花纹锦纹

春

·秋

·游春图

第 2 章

宋朝
妆造服饰
时尚史

2.1 历史背景

唐朝灭亡后，又经过五代十国的分裂割据，到公元 960 年，赵匡胤等人发动"陈桥兵变"，在部下的建言和簇拥下黄袍加身，建立了宋朝，也就是中国历史上的北宋。北宋结束了长期的动乱局面。

宋太祖赵匡胤非常热衷于南征北战，他在位期间一直在征战，但是在北伐的过程中忽然去世了。他的弟弟赵光义继位，也就是宋太宗。宋太宗在巩固了自己的政权以后继续推进其兄未竟的统一事业，结束了五代十国分裂割据的局面。随后乘胜攻辽，但是却在攻打燕云地区的时候失败了，从此对辽采取守势。他奉行守内虚外政策，没有像之前那样开疆扩土。宋太宗本人很热爱艺术，尤其喜爱书法，宋朝的货币淳化元宝上的字是他亲自题写的。宋朝政府很重视文化事业。

宋太宗去世以后，宋真宗即位，他是一个勤勉的皇帝，北宋在他的统治下进入了盛世，也就是"咸平之治"。以后又经历了宋仁宗、宋英宗、宋神宗和宋哲宗等四朝，但这四朝并没有延续盛世的繁荣，改革变法也并没有取得很好的成效。这时，宋朝最出名的皇帝宋徽宗即位了。

宋徽宗虽然在艺术造诣上很高，后世流传的《千里江山图》《瑞鹤图》等都是诞生在他这个时期，但是这个厉害的艺术家实在不是一个好皇帝。宋徽宗和他的儿子宋钦宗以"靖康之变"为转折点，最后客死异乡。自此北宋政权结束。

在"靖康之变"以后，宋高宗赵构即位，成为南宋第一位皇帝，他一路南下，到杭州才站稳了脚根。

宋孝宗即位后进入了一个相对兴盛的时期。但这样的日子并不长久，后来也没出过勤勉皇帝，直至 1279 年南宋灭亡。

宋朝整体经济水平较高，北宋都城最为繁华，各种酒楼、茶坊随处可见。宋朝人注重穿衣打扮，与衣冠妆饰相关的行业就有几十种。宋朝的文人地位较高，正是因为宋朝重文轻武，其在军事上才一再受挫。

宋朝尊崇的程朱理学，宣扬克制物欲，发挥理性，即"去人欲，存天理"，使得社会的风气转趋保守传统，尤其注重礼教思想，对妇女的管束也比较严格。

2.2　宋朝经典服饰

宋朝的女子服饰崇尚瘦长的造型，整体以袍、衣、褙子、裙和裤为主，其中窄袖长褙子等盛极一时。裙子比较流行多褶长裙；袍为长衣制式的，一般是直领对襟开衩，穿着时两襟可以敞开。宽袖和窄袖皆有。

北宋初期的上层女子服饰并没有趋于朴实无华，反而更加奢靡，更加宽博，而民间女子因为要劳作，服饰则相对紧身。

安徽南陵铁拐墓出土
北宋时期的女子服饰。

包髻

缠花

直领对襟短衫

直领对襟长衫

百迭裙

金钏

·长衫短衫百迭裙

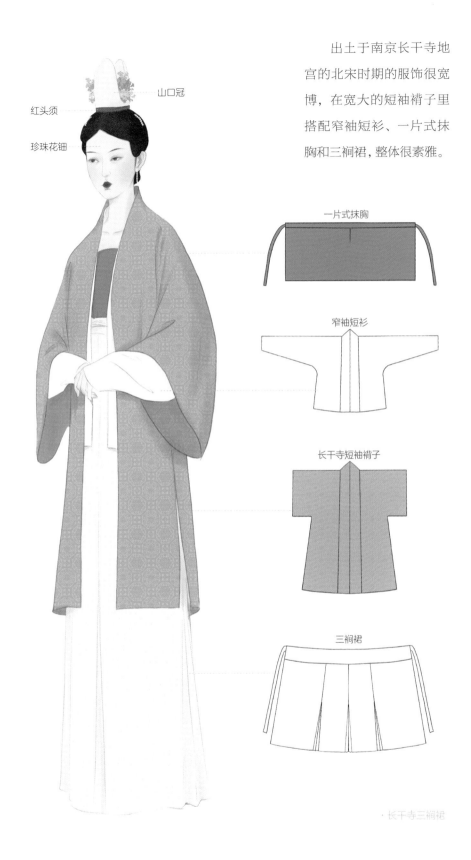

出土于南京长干寺地宫的北宋时期的服饰很宽博，在宽大的短袖褙子里搭配窄袖短衫、一片式抹胸和三裥裙，整体很素雅。

山口冠

红头须

珍珠花钿

一片式抹胸

窄袖短衫

长干寺短袖褙子

三裥裙

·长干寺三裥裙

在传世的宋朝绘画中，
上衫下裙的女子服饰很多，
轻软的罗衫很受欢迎，可
以很好地显示出女子身材。

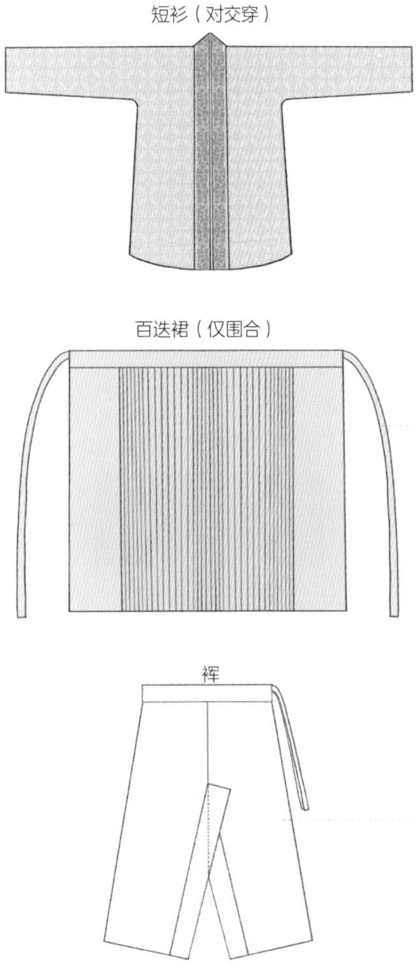

圆头簪
红头须
云鬓

莲花冠
缠花

短衫（对交穿）

百迭裙（仅围合）

酢浆草结

裈

· 对交穿短衫（裙掩衣）

参考南京高淳花山宋墓出土形制

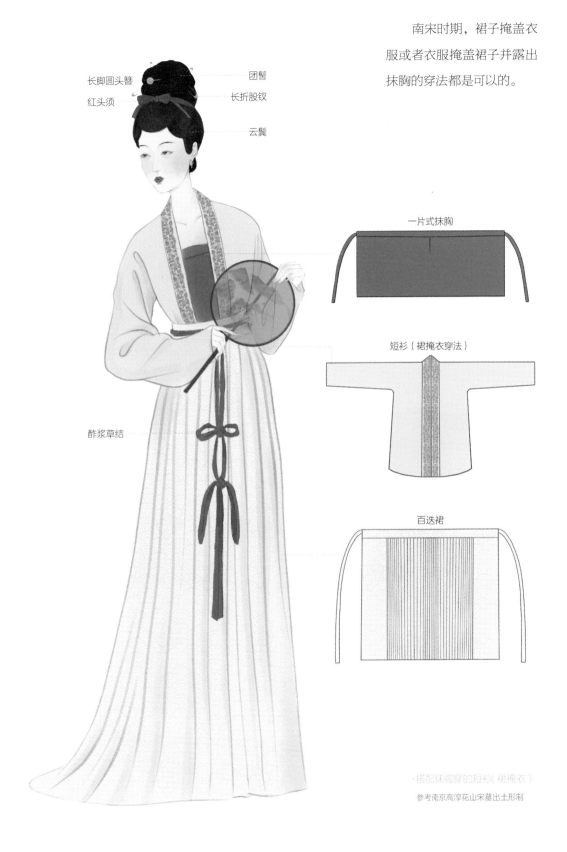

南宋时期，裙子掩盖衣
服或者衣服掩盖裙子并露出
抹胸的穿法都是可以的。

长脚圆头簪

红头须

团髻

长折股钗

云鬟

一片式抹胸

短衫（裙掩衣穿法）

酢浆草结

百迭裙

·搭配抹胸穿的短衫（裙掩衣）
参考南京高淳花山宋墓出土形制

从《瑶台步月图》（见 88 页图）中可以看到穿着华丽衣冠的妇人，她们穿的是长褙子。在《歌乐图》中也有展现长褙子、一片式抹胸和百迭裙的穿搭。

挽髻

云鬓

松塔簪

珍珠排钗

折扇

一片式抹胸

长褙子

百迭裙

·长褙子百迭裙

参考南宋《歌乐图》中服饰绘制

与长褙子相对的是短褙子，长度较短，易于穿着。民间女子多穿着短褙子

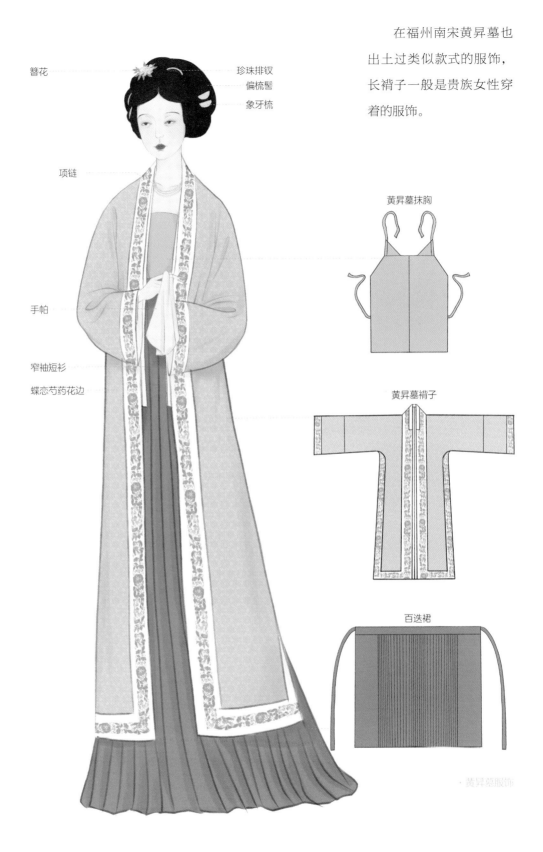

簪花

珍珠排钗
偏梳髻
象牙梳

项链

在福州南宋黄昇墓也
出土过类似款式的服饰，
长褙子一般是贵族女性穿
着的服饰。

黄昇墓抹胸

手帕

窄袖短衫
蝶恋芍药花边

黄昇墓褙子

百迭裙

· 黄昇墓服饰

· 宋朝女子垂钓图

参考五代南唐周文矩
《荷亭弈钓仕女图》局部绘制

同样在黄昇墓出土的还有两件时尚单品：长背心和两片裙，放在现代也很百搭。

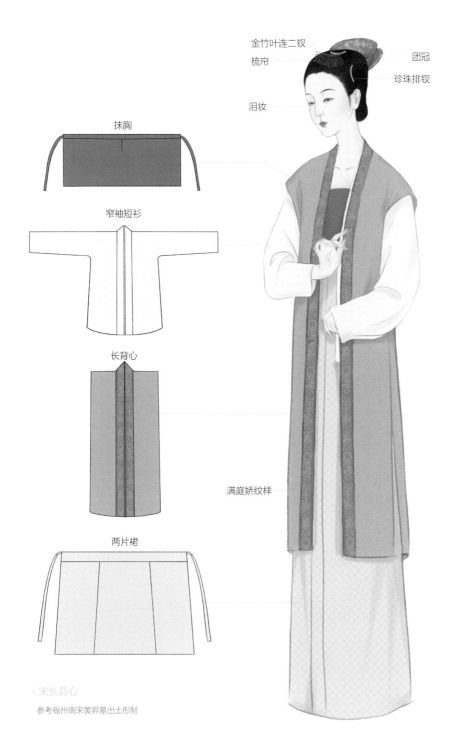

抹胸

窄袖短衫

长背心

两片裙

· 宋长背心
参考福州南宋黄昇墓出土形制

金竹叶连二钗
梳帘
团冠
珍珠排钗
泪妆

满庭娇纹样

两片裙可以根据裙摆围度分为窄摆和大摆两种。窄摆出土于南宋黄昇墓，大摆出土于南宋周氏墓

·襕衫　　　　　　·宋男褙子

儒巾

中单

东坡巾

靴

北宋时期，读书人的家常便服是襕衫，《宋史·舆服志五》有类似的记载，襕衫一般都是圆领的，在唐朝就开始出现了。

南宋时期，男子也会穿着褙子和百迭裙，只是在褙子里面搭配穿着的是长衫。北宋文学家苏东坡曾创作了一款类似于帽子的装饰，称为东坡巾，在南宋时期也颇为流行。

襕衫

长衫

褙子

百迭裙

2.3 宋朝宫廷服饰

宋朝皇帝的服饰有裘冕、衮冕、通天冠服、履袍和衫袍等。

宋朝继承了唐朝的服饰制度，在礼服上的区别不是特别大，所以宋朝皇帝在重大场合穿的衮冕也和唐朝皇帝的类似。

上衣 中单

蔽膝 下裳

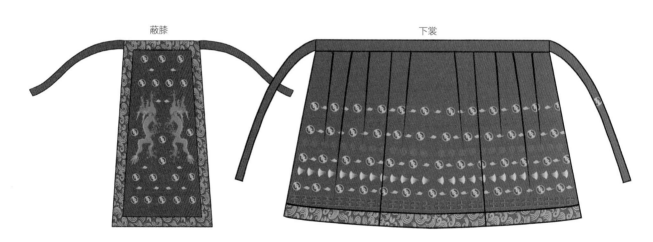

玉七星　　犀瓶　琥珀瓶

龙鳞锦　　　　　　　　　　碧凤

玉簪导　　　　　　　　　　旒

充耳

天河带

月纹　　　　　　　　　　日纹

山纹　　　　　　　　　　云纹　　　雉纹

金钑花钿窠　　　　　　　　　　革带

龙纹

中单　　　　　　　　　　蔽膝

玉佩　　　　　　　　　　大带

黼纹

黻纹

下裳

赤舄

宋朝皇帝的通天冠有二十四梁加金博山，绛纱袍用云龙红金条纱制成，再搭配上方心曲领，一般在非常隆重的朝会时才会穿。

宋朝皇后礼服，包括袆衣、褕翟、阙翟 3 种，合称"三翟"，与男子礼服的"六冕"相对应。

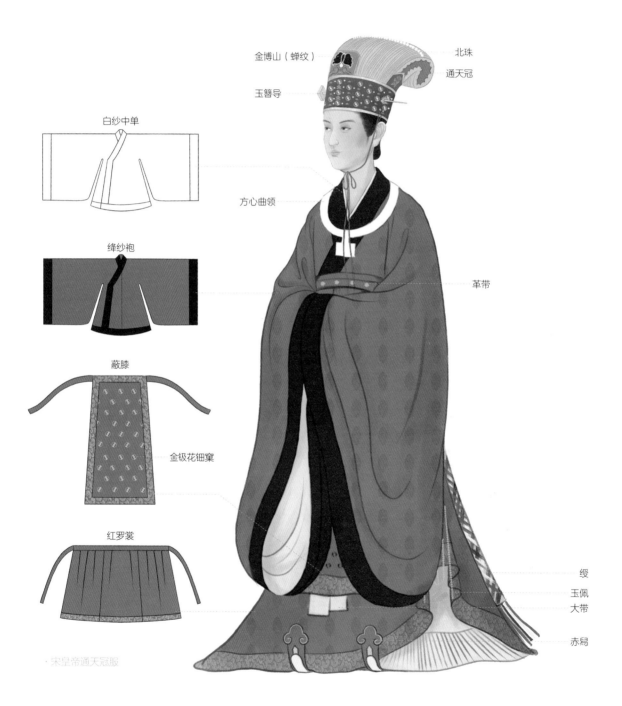

白纱中单

绛纱袍

蔽膝

金钑花钿窠

红罗裳

金博山（蝉纹）

玉簪导

方心曲领

北珠

通天冠

革带

绶
玉佩
大带

赤舄

· 宋皇帝通天冠服

《旧唐书》记载，袆衣是皇后受册封、祭奠和参加朝会时穿的礼服，用深青色衣料制成，并饰以五彩翟翟纹。配套中衣为白色纱质单衣，蔽膝配色同袆衣，装饰三行翟翟纹，袖口、衣缘等处以红底云龙纹镶边。

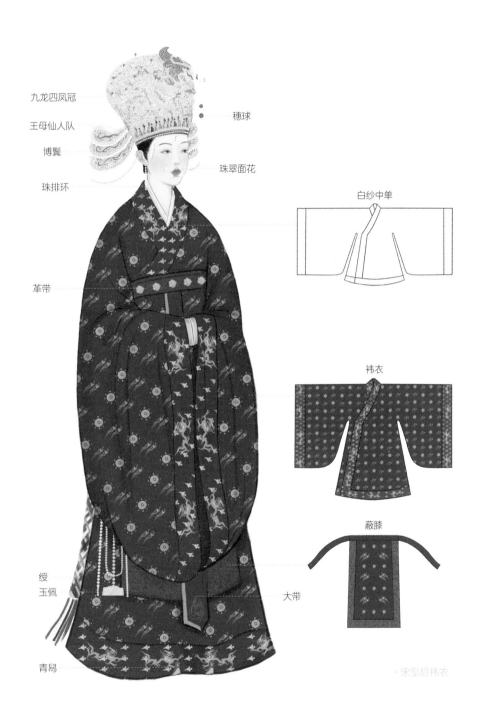

九龙四凤冠

王母仙人队

博鬓

珠排环

穗球

珠翠面花

白纱中单

革带

袆衣

蔽膝

绶

玉佩

大带

青舄

·宋皇后袆衣

根据赵匡胤的母后杜太后的画像来看，太后的鞠衣依旧有五代的遗风，用抹胸搭配了大袖衫霞帔。

霞帔

龙凤冠

凤钗

一片式抹胸

对襟长衫

大袖衫

百迭裙

霞帔坠

· 宋太后大袖衫霞帔

宋朝后宫地位较高的
女官继承唐朝的遗风穿着
圆领袍，但是头上会佩戴百
花冠，面部装饰珍珠。

一年景簪花

幞头

半唇妆

塔子花纹

圆领袍

帕子

革带

滴珠窠龙纹

百迭裙

·宋女官圆领袍

宋朝官服分为朝服、祭服、公服、戎服等。

朝服是朱衣朱裳。

公服依照颜色区分品级。三品及以上用紫色；四五品用朱色；六七品用绿色；八九品用青色。

宋圆领袍（襕袍）

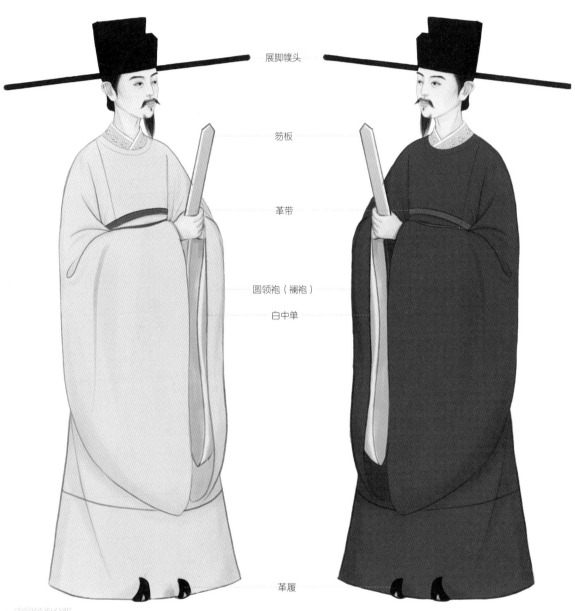

展脚幞头

笏板

革带

圆领袍（襕袍）

白中单

革履

· 宋圆领袍公服

宋圆领袍（襴袍）

到宋元丰年间用色稍有更改。四品及以上用紫色；五六品用绯色；七品至九品用绿色。

按当时的规定，穿紫色和绯色（朱色）公服的人，都要佩挂金银装饰的鱼袋，高低职位以此物加以明显区分。

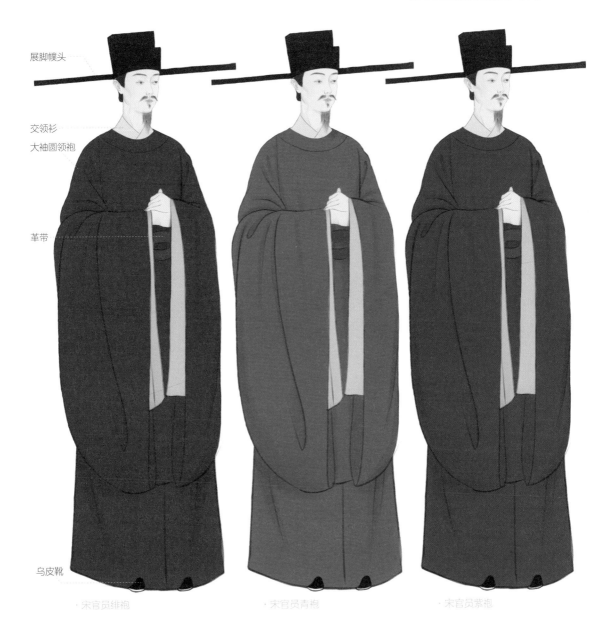

展脚幞头

交领衫
大袖圆领袍

革带

乌皮靴

· 宋官员绯袍　　　· 宋官员青袍　　　· 宋官员紫袍

2.4　宋朝妆容造型

相比于唐朝的妆容，宋朝的妆容有明显不同的风格。

《太平御览》记载，南朝宋国寿阳公主，在正月初七这天卧睡在一处殿檐下，一阵暖风吹过，恰好有数片梅花落在了她的额头上，据说公主醒后，无论如何也抹不掉，就留下了梅花痕。宫女们看见后，都觉得公主更加妩媚动人了，就效仿起来，最后又从宫内传到民间，这就是至今仍被女孩子喜欢的"梅花妆"的由来。

·梅花妆

在宋朝，清新淡雅的妆容已经被人们广泛接受了，三白妆，和唐朝的妆容相比可以说是裸妆感很强了，即额头、下巴、鼻梁这三处着重涂白，有点像现在的打高光，不过整体更为扁平。

在北宋墓室壁画上，常常能看到戴着发冠，画着桃花妆的女子形象。桃花妆指在脸颊两侧画以胭脂，使其红润，面若桃花。

·三白妆

·桃花妆

·珍珠妆

宋朝女性妆容整体淡雅，装饰花钿的品类没有唐朝的多，很少用到艳丽的金箔来贴面，有的也只是在眉间和面侧贴上珍珠作为装饰。由于当时珍珠比较稀少，珍珠妆只在后宫和贵族女子之间流行。

　　再来看看宋朝女子的发型。

　　团髻搭配云尖巧额在宋朝非常流行，从北宋宣和以后一直流行到南宋。有用真发盘巧额的，也有直接用制作好的假发片堆叠的，类似于现在戏曲里的贴片子。

　　冠在宋朝属于女帽类，款式很多。北宋时期的冠比较细长，类似于山口冠，到了南宋时期变得比较扁平，类似于元宝冠。宋朝男性文人热衷于戴帽子和头巾，引领了男性审美的时尚，受其影响，宋朝女子也爱上了戴簪花冠。

这幅画参考了两幅很有名的宋画。左侧参考了南宋苏汉臣的《秋庭婴戏图》，他师从《瑶台步月图》的作者刘宗古，因而也特别擅长画人像。他绘制的婴戏图栩栩如生。右侧参考了宋画《盥手观花图》。

· 宋朝人物场景图

参考宋画《盥手观花图》
和南宋苏汉臣的《秋庭婴戏图》绘制

看到《瑶台步月图》中纤细柔美的仕女和她们手中的茶具，不禁想到宋朝独有的饮茶方式——点茶。中国饮茶方法有"兴于唐，盛于宋"的说法。宋朝点茶在中国茶道史上具有极其重要的地位。日本抹茶茶道就来源于宋朝点茶。

将茶碾成细末，置于茶盏中，以沸水点冲。先注少量沸水调膏，继之量茶注汤，边注边用茶筅击拂

·瑶台步月图

参考宋刘宗古
《瑶台步月图》绘制

2.5 宋朝经典纹样

紫鸾鹊纹

C3   M34 Y65 K1
C10 M16 Y34 K0
C15 M50 Y74 K7
C38 M22 Y18 K0
C60 M45 Y79 K22
C79 M57 Y39 K18
C94 M83 Y12 K34
C49 M77 Y51 K19

缠枝葡萄纹

烟色罗牡丹纹

C21　M7　Y29　K0

C34　M31　Y90　K40

● C37　M51　Y88　K49

● C37　M41　Y65　K8

牡丹芙蓉纹

菱形菊花纹

如意花纹

● C67　M90　Y24　K32

● C88　M29　Y61　K35

第 3 章

明朝
服饰发型
大赏

3.1 历史背景

宋朝结束以后，经历了少数民族统治政权的元朝，元朝灭亡后，1368 年朱元璋称帝。明太祖废除元朝的服饰制度，上承唐宋，大力恢复了汉族的各种礼俗和服饰。

从明太祖开国到明成祖即位，明朝的国势强盛，有联络南洋各国的对外政策。

明朝中期至明朝末年，可谓外患猖獗、内政腐败。1644 年清兵入山海关，后攻入北京，明朝灭亡。

3.2 明朝经典服饰

明朝深衣一般穿于冠礼、祭祀等场合，不用来作为日常的服饰穿着。有些文人认为深衣是古代圣贤的法服，会在燕居时穿着，用来表示自己不同俗流，以示清高。

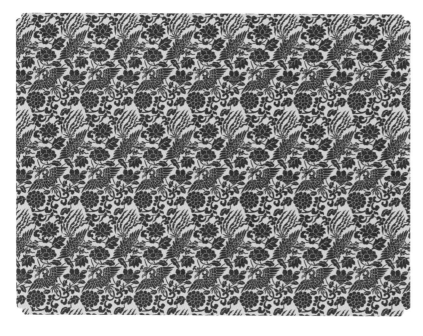

· 鸾凤折枝四季花纹

幅巾

深衣

拂尘

大带

布履

· 明深衣

明朝男子的贴里也是常见的服饰之一，贴里裙摆上的满褶可以使得
整件衣服更显得下宽上窄，更为端庄。还可以搭配褡护穿着。

青玉冠

蘑菇首玉簪

网巾

贴里

丝绦

褡护

皂皮靴

· 明贴里

褡护是穿在贴里外面的，由
半臂演变而来

明朝男子的直身也叫作海青，是明朝男装的基本款式之一。平常的士人百姓会将它作为日常正装。除了单穿，还可以搭配圆领袍等其他袍服一起穿着。

大帽

直身

丝绦

金绦钩

皂皮靴

· 明大帽直身

明朝的文人雅士在天冷的时候会穿着氅衣和道袍。道袍是明朝士人比较有代表性的便服款式，尤其在明朝中后期更为流行。道袍是交领款式的，外侧缝了护领。天气冷的时候，会在外面加上外套，也就是氅衣，用来遮风御寒。

方巾

飘带

道袍

氅衣

·明氅衣道袍

明朝侍女一般会穿竖领对襟短衫搭配比甲，与男子的褡护类似，比甲也是由半臂发展而来的。在发髻上也会带包头，梳一个髽（zhuā）角髻，这样更便于劳作。

髽角髻

包头

短比甲

漆盒

竖领对襟短衫

马面裙

· 明侍女服饰

袄裙是明朝对于女性上衣下裙装束的统称。

袄裙也是明朝侍女经常穿着的服饰。衣长过腰的交领短衫，搭配马面裙，再梳一个双鬟髻，这是比较典型的打扮。

双鬟髻

护领

交领短衫

马面裙

· 明侍女袄裙

现在所指的袄裙一般为交领的短衫搭配马面裙

明朝袄裙也有搭配比甲的穿法，比甲有竖领、方领和圆领之分，此处展示的是圆领对襟比甲。

比甲

交领短衫

马面裙

·明女子袄裙搭配短比甲

明朝女袄的款式有很多，如交领、竖领、圆领等，到了明后期，交领款式越来越少，竖领搭配圆领的款式则多了很多。

鬏髻

花头簪

包头

葫芦形耳环

交领袄

圆领绿地织金缠枝花缎衫

马面裙

织金缠枝
四季花纹

织金云鸾纹

凤穿牡丹纹

莲花璎珞纹

·明女子圆领衫搭配马面裙

三绺头

泥金扇子

竖领长衫

马面裙

璎珞杂宝纹

明朝后期竖领长衫非常流行，领子上一般点缀两颗扣子，衣服是右衽、大袖，用系带打结固定，衣身两侧开衩。

· 明女子竖领长衫

寒冷的时候会搭配
披风，穿在长衫或者长
袄外。可以用动物皮毛
来制作披风。

挑心
分心
掩鬓

金丝鬏髻
金丝钿儿

竖领长衫

缠枝莲花纹

花鸟纹披风

花鸟纹马面裙

· 明女子竖领长衫搭配披风和马面裙

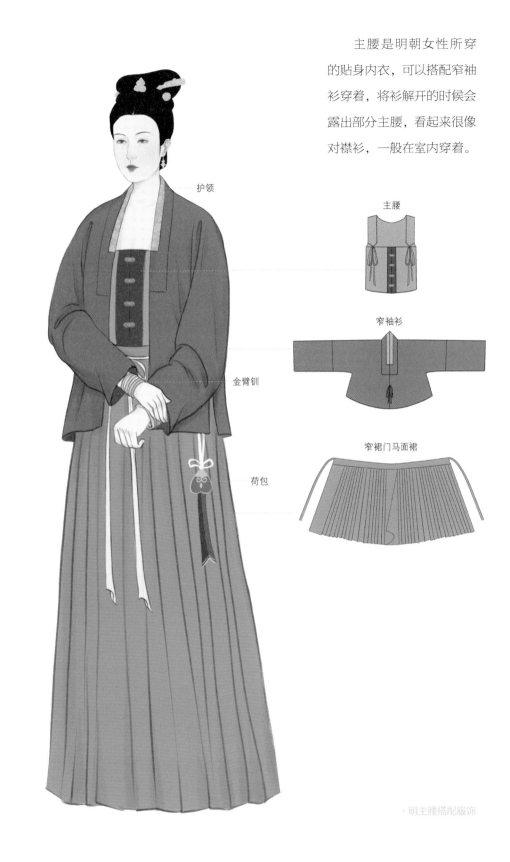

主腰是明朝女性所穿
的贴身内衣，可以搭配窄袖
衫穿着，将衫解开的时候会
露出部分主腰，看起来很像
对襟衫，一般在室内穿着。

护领

金臂钏

荷包

主腰

窄袖衫

窄裙门马面裙

·明主腰搭配服饰

明朝女性在夏季会选
用质地轻薄的织物来制作
衣物，一般都是用半透明的
罗纱来制作单衫，搭配主腰
穿着。一般在室内穿着。

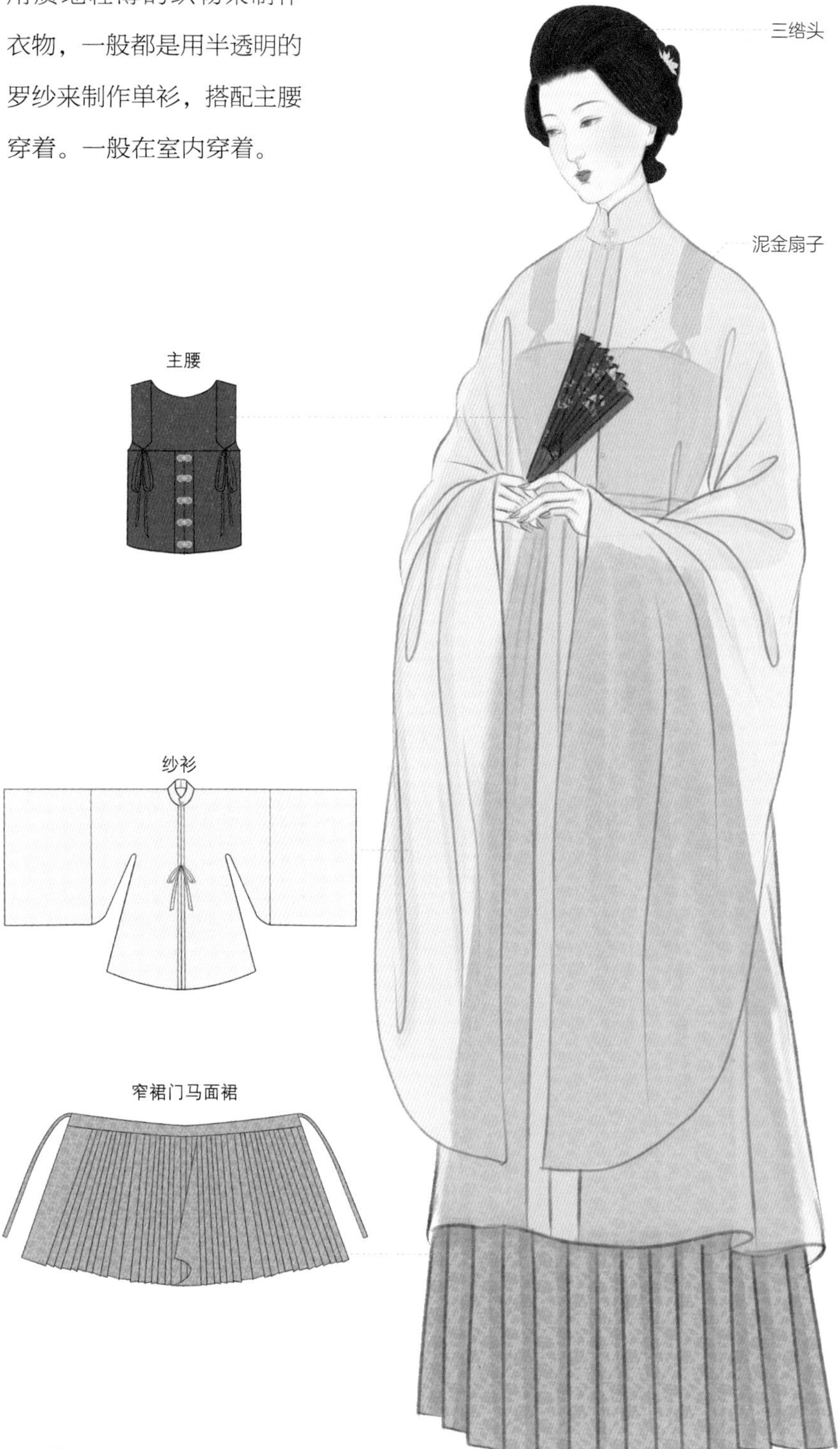

三绺头

泥金扇子

主腰

纱衫

窄裙门马面裙

· 明纱衫

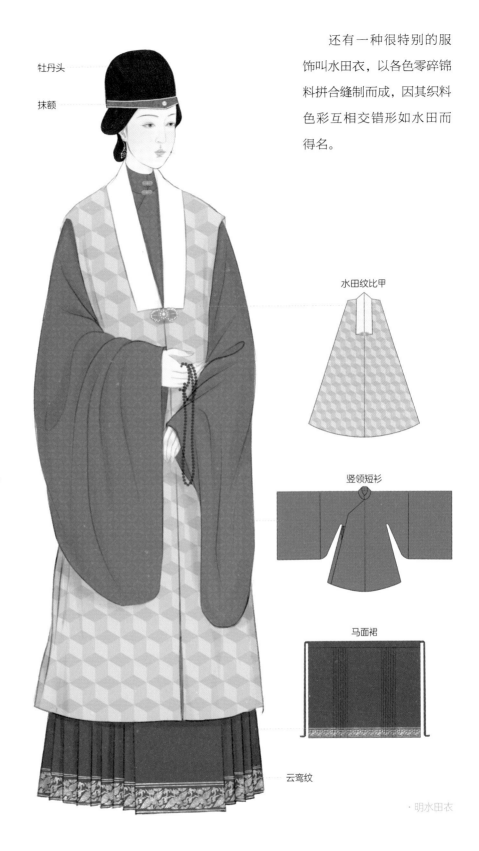

还有一种很特别的服饰叫水田衣，以各色零碎锦料拼合缝制而成，因其织料色彩互相交错形如水田而得名。

牡丹头

抹额

水田纹比甲

竖领短衫

马面裙

云鸾纹

与戏台上的"百衲衣"（又称富贵衣）十分相似

· 明水田衣

鳌山灯是古时元宵灯会时的大型灯彩，其规模与气势不亚于恢宏的楼宇殿堂，是灯组之王。《明宪宗元宵行乐图》中就有观赏鳌山灯的场景，鳌山灯取材于神话传说，人们只能凭想象构筑它。棚彩匠们往往用下大上小、层层堆垒的方式表现山的形状，用缯彩表现苍翠的林木，用水流表现山的清幽，用楼阁和彩扎人物表现传说中的神仙及其住所等，会根据每个朝代不同的审美对其进行一些改造。

· 鳌山灯会

"每重城向夕，倡楼之上，常有绛纱灯数万，辉罗耀列空中，九里三十步街中，珠翠填咽，邈若仙境"，这其中就描述了中国传统灯具——绛纱灯。

早在唐代的时候就有绛纱灯了，唐宋时期的绛纱灯多为落地式的，到了明清时期多为提梁式的，落地式的也有。

绛纱灯有红油竹灯骨（竹木作架）、铜烛盘，外用红绿蓝纱蒙上。有硃漆竿，竿首贴金龙头（或凤首等），竿头带黄铜钩。有亭顶、平顶两种，搭配上流苏、飘带很是仙气，是现在穿汉服时常用的道具之一。

·明朝绛纱灯，游灯会

3.3 明朝宫廷服饰

　　明朝恢复汉族传统，明太祖朱元璋重新制定了服饰制度。明朝官服是当时材料工技水平最高的服装，其制度则承袭唐宋官服传统制度。

　　明朝皇帝的服饰有通天冠服、衮冕、皮弁服、常服等，在不同的场合，穿着不同的服饰。

玄衣　　　　　　　　　　　　　　　　　　中单

蔽膝　　　　　　　　　　　缥裳

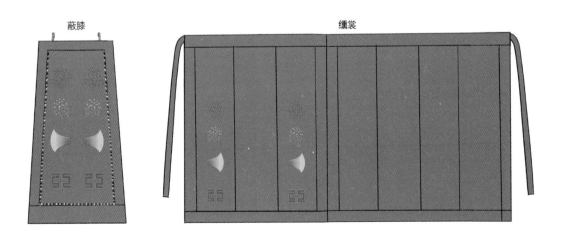

延　　　　　　　　　　　　　　　　　　　　冕
玉簪导　　　　　　　　　　　　　　　　　玉衡
　　　　　　　　　　　　　　　　　　　　旒
　　　　　　　　　　　　　　　　　　　　充耳
　　　　　　　　　　　　　　　　　　　　中单
月　　　　　　　　　　　　　　　　　　　日
龙纹　　　　　　　　　　　　　　　　　　玄衣
　　　　　　　　　　　　　　　　　　　　玉圭

　　　　　　　　　　　　　　　　　　　　火

藻

粉米　　　　　　　　　　　　　　　　　　大带
　　　　　　　　　　　　　　　　　　　　华虫

黼纹

　　　　　　　　　　　　　　　　　　　　宗彝

黻膝

黻纹
纁裳　　　　　　　　　　　　　　　　　　玉佩
　　　　　　　　　　　　　　　　　　　　绶
舄

111

明皇帝在祭祀山川诸
神、视朝、降诏、降香进表，
以及和番邦各国会面时会
穿皮弁服。

中单

绛纱袍

蔽膝

下裳

玉簪导
皮弁
朱缨
朱纮
玉圭
大带
玉佩
绶
舄

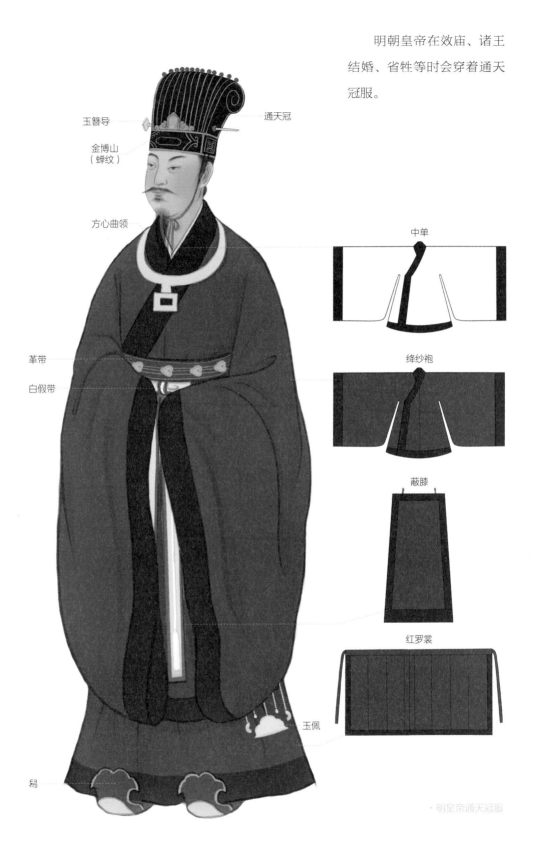

明朝皇帝在效庙、诸王结婚、省牲等时会穿着通天冠服。

玉簪导

通天冠

金博山
（蝉纹）

方心曲领

中单

绛纱袍

革带

白假带

蔽膝

红罗裳

玉佩

舃

· 明皇帝通天冠服

明朝皇帝的常服用途较广，日常接见朝臣、进行日常活动时都可以穿常服，明成祖很有名的画像也是穿着常服的。

二龙戏珠

翼善冠

褡护

团龙纹

圆领袍

革带

杂宝带板

四合如意云纹

皂皮靴

·明皇帝常服

明朝皇帝常服颜色比较鲜明。

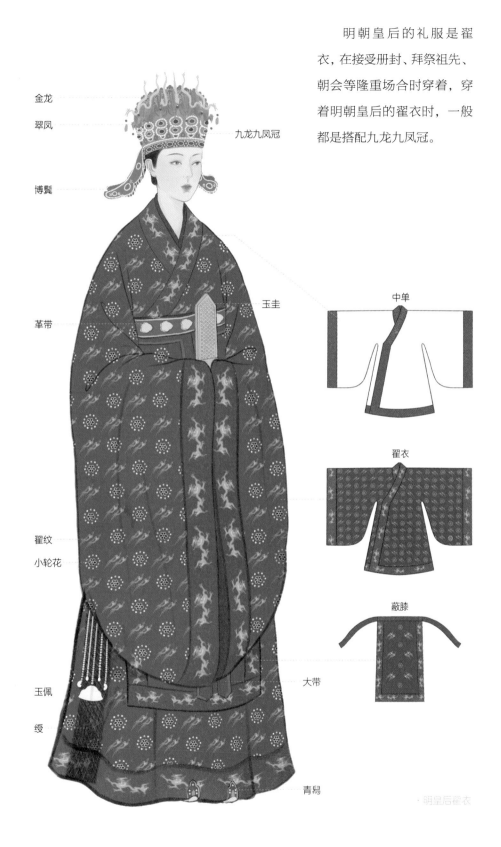

明朝皇后的礼服是翟衣，在接受册封、拜祭祖先、朝会等隆重场合时穿着，穿着明朝皇后的翟衣时，一般都是搭配九龙九凤冠。

金龙
翠凤

九龙九凤冠

博鬓

革带

玉圭

中单

翟衣

翟纹
小轮花

蔽膝

玉佩

绥

大带

青舄

· 明皇后翟衣

明朝皇后的常服一般是皇后大衫，也称为燕居冠服，一般搭配双凤燕居冠和诸色团衫，外衫外面再搭配霞帔穿着。

明朝皇后的鞠衣，一般情况下并不单穿，而是在皇后穿着燕居冠服的时候，将大衫霞帔穿在鞠衣的外面

翠云
珠结
金口圈

金龙
翠凤

博鬓

四𧞤袄

子母扣

鞠衣

大衫

霞帔

霞帔坠

· 明皇后大衫霞帔

燕居冠

鞠衣

喜相逢式
龙纹

革带
桃形玉
带板

大带

· 明皇后鞠衣

还有一款明朝皇后的
服饰是比较特别的，在别的
朝代不常见，这就是百子
衣，明定陵出土了4件百
子衣，每件图案都极其精
美，是当时皇后的吉服。

挑心

分心

簪

髿髻

竖领袄

子母扣

对襟方领百子衣

马面裙

百子图来自周文王生百子的
故事，寓意着吉祥如意，多
子多孙

· 明皇后百子衣

明定陵出土了不少明朝皇后的夹衣袄裙，这里展示的夹衣的竖领打造得很精致。

挑心
分心
掩鬓
髮髻
金钿

子母扣

一般也是当作皇后吉服来穿着

绿地织金妆花云肩通袖龙纹缎女夹衣

马面裙

· 明皇后绿织金妆花云肩通袖龙纹缎女夹衣

挑心
分心
金钿

金丝鬏髻
掩鬓

命妇泛指有诰命封号的妇人，宫中嫔御等称"内命妇"，外廷官员妻母称"外命妇"。明朝的命妇服饰也很讲究，隆重的礼服用红大衫、霞帔、翟冠；常穿的吉服，则多使用大红色圆领衫，饰以品级纹样，内穿短袄、长裙，头戴翟冠或成套的金银鬏头面；交领短袄配上补子是很常见的服饰，又称为补服，头戴鬏髻，不同的命妇等级，补服的图案也各有讲究。

绛纱灯

璎珞纹

交领短袄

马面裙

·明命妇交领短袄

119

从洪武元年开始定制了百官的朝服，百官朝贺、辞谢都要穿朝服。
明朝官员的朝服是赤罗衣，需要佩戴梁冠。

冠耳

冠额

中单

赤罗衣

蔽膝

赤罗裳

冠顶

梁

笏

革带

大带

玉佩

一至四品是绯袍，五至七品
是青袍，八至九品是绿袍

明朝官员在每日早朝奏事等时要穿公服，在外文武官员每日公座时
也穿公服。

圆领袍

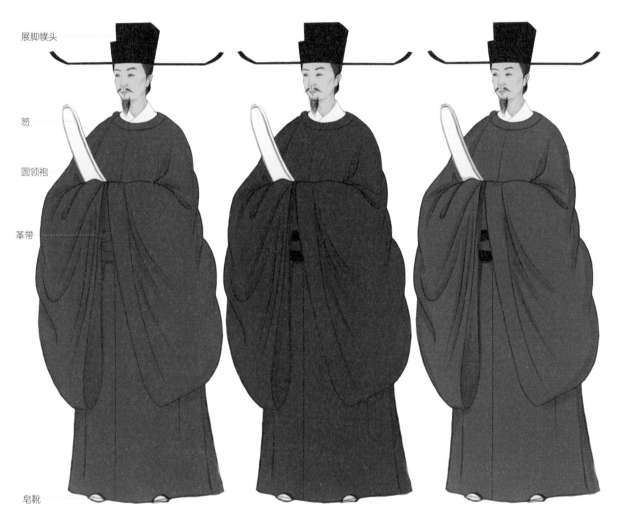

展脚幞头

笏

圆领袍

革带

皂靴

·明官员公服绯袍   ·明官员公服青袍   ·明官员公服绿袍

明朝的文武官员在常朝和视事期间都穿常服，常服除了颜色有区别，补子图案也不同。公、侯、驸马、伯用麒麟、白泽作为补子图案，文官常服补子用禽，武官常服补子用兽。

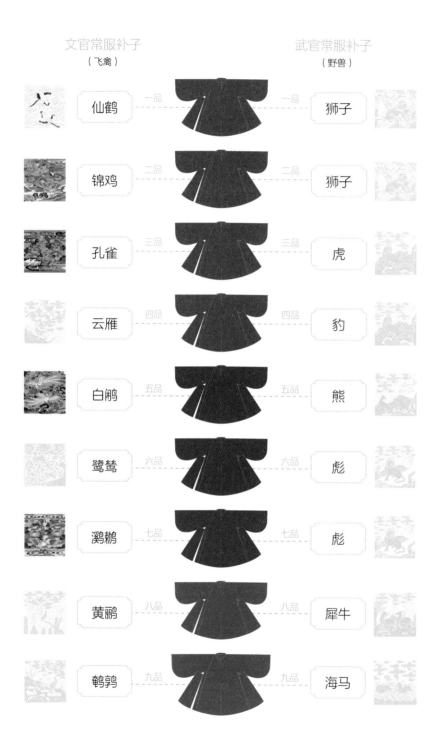

文官常服补子
（飞禽）

武官常服补子
（野兽）

仙鹤	一品		一品	狮子
锦鸡	二品		二品	狮子
孔雀	三品		三品	虎
云雁	四品		四品	豹
白鹇	五品		五品	熊
鹭鸶	六品		六品	彪
鸂鶒	七品		七品	彪
黄鹂	八品		八品	犀牛
鹌鹑	九品		九品	海马

杂职补子 练鹊

明代补子一般为长约40厘米的正方形，一般用刺绣和织造两种方法制成。织造方法又分两种：缂丝、织金或妆花。织金和妆花一般是将补子部分与衣物部分同时织出，呈现出彩色；缂丝则呈现出纯色，先缂成补子形式，再缝于衣服上；刺绣的补子也是先绣后缝于衣服上

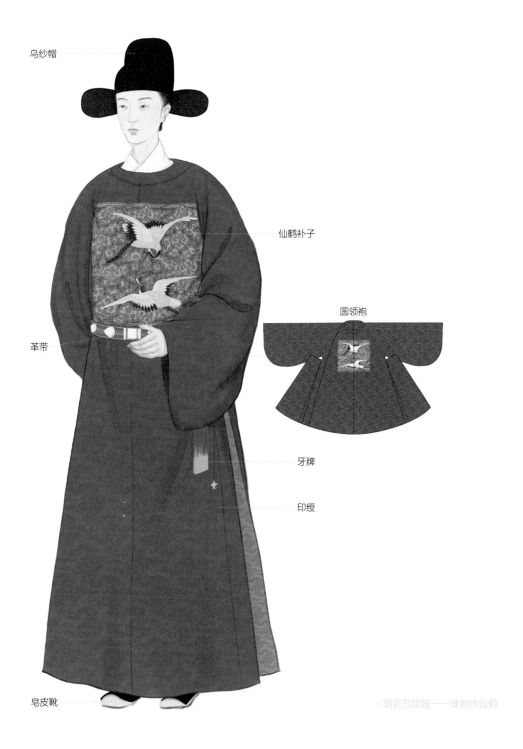

乌纱帽

仙鹤补子

圆领袍

革带

牙牌

印绶

皂皮靴

· 明官员常服——绯袍绣仙鹤

123

明朝有一种特别的服饰制度，即赐服制度，蟒袍是皇帝赏赐给臣子的殊荣，蟒袍上的蟒纹其实是四爪（趾）龙，而皇帝所穿的龙袍上的花纹则是五爪（趾）金龙。这也是龙纹和蟒纹之间的区别。蟒袍代表的是皇帝的恩典，所以得了蟒袍赏赐的臣子会在重要的场合和庆典上穿着，以此来感谢皇帝的荣宠。

乌纱帽

革带

四合如意
云纹

蟒服（道袍式）

膝襕

· 明蟒服（道袍式）

皂皮靴

明朝生员会穿着襕衫，这是明太祖亲定的士子巾服的样式，衣服用
蓝色绢布制作，所以也称作"蓝衫"，穿着的时候，需要佩戴儒巾。

儒巾

飘带

丝绦

襕衫

皂皮靴

3.4 明朝女子发型

明朝女子的发型很多样，但是等级也比较鲜明。丫鬟的发型大同小异，一种叫作"双鬟髻"，一般未成年女孩也会梳此造型，将两侧的头发梳成辫子，然后用发带绑成双鬟即可。

另一种叫"三小髻"，也叫"鬏髻"，梳此造型的也是未成年女孩和丫鬟居多。将头顶的长发梳成辫子，用簪子挽成鬟，再用发带扎起，并搭配装饰的簪子，剩下的头发可以做成双鬟，也可以全部梳拢在脑后。

·双鬟髻

·三小髻

堕马髻从汉朝开始就有了，经历了几个朝代，每个朝代会根据自己的风格和审美做一些调整，明朝的堕马髻是将发髻置于一侧，呈似堕非堕之状。

·堕马髻

牡丹头流行于明末清初，它其实是一种高髻，需要将头发梳高到六七寸，内部使用假发来垫发，有的超重的牡丹头甚至会令女子无法抬头。

三绺头是明朝汉族女性很有代表性的发式。梳头时，将左右两鬓发分作两绺，额上头发为一绺。两鬓两绺头发掠耳而过，修饰成型，额上发绺向后梳，再与顶发合一起，一般情况下会垫一些假发或刮发使它蓬松起来，从正面看就是一个很饱满的效果。

鬏髻是明朝妇女常用的新式假发髻。一般是用铁丝编成一个圆框架，在上面编上假发，形成一个高大的假髻。中间是空的，使用时把它罩在头顶的发髻上，用簪子固定。

3.5　明朝经典纹样

·孔府旧藏白罗花鸟裙纹

· 缠枝莲纹

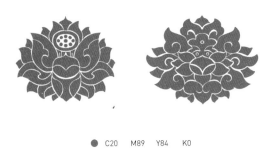

● C20　M89　Y84　K0

· 松竹梅岁寒三友纹

● C51　M92　Y96　K28

● C37　M88　Y95　K2

● C22　M35　Y86　K0

仙鹤

云雁

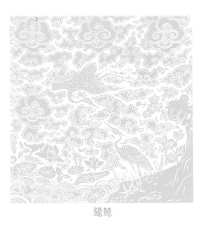

鹭鸶

锦鸡

黄鹂

鹌鹑

孔雀

白鹇

溪鶒

· 明朝补子纹样

狮子

虎豹

熊罴

彪

犀牛

海马

练鹊

獬豸

麒麟

白泽

团相逢式龙纹

- ● C94　M89　Y58　K37
- ● C94　M85　Y40　K5
- ● C57　M33　Y20　K0
- ● C74　M63　Y72　K26
- ● C57　M36　Y68　K0
- ● C41　M24　Y69　K0
- ● C41　M81　Y85　K5
- ● C20　M64　Y73　K0
- ● C17　M49　Y55　K0
- ● C5　　M7　　Y21　K0

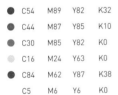

- ● C54　M89　Y82　K32
- ● C44　M87　Y85　K10
- ● C30　M85　Y82　K0
- ● C16　M24　Y63　K0
- ● C84　M62　Y87　K38
- ● C5　　M6　　Y6　　K0

盘龙纹

135

葫芦灯笼纹

● C34 M38 Y81 K0

第 4 章

中国戏曲服饰
赏析

不论对于京剧还是昆曲，中国戏曲服饰本身就是一件艺术品。在戏曲人的眼中，"扮上"是一件非常神圣的事。杰出的戏曲艺术家——杨小楼、梅兰芳、程砚秋、尚小云等，他们的演出服装也极为考究，甚至自成一格。我们把京剧、昆曲中所用到的服饰分类装箱。

衣箱分类大致如下所示，本章仅简单介绍大衣箱、二衣箱相关内容。

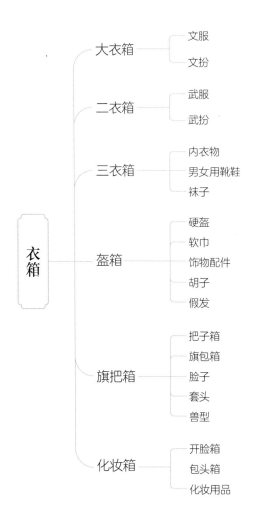

4.1 大衣箱

中国传统戏曲中角色穿的文服，包括富贵衣、蟒、官衣等，统称为"大衣"，放置大衣的衣箱就称为"大衣箱"。

富贵衣也叫作"穷衣",就是在青(黑)褶子上缀上若干不规则的杂色碎绸,看起来就是衣服破烂、满是补丁的样子。

贫生巾

白玉帽正

飘带

杂色碎绸
(补丁)

水袖

富贵衣(褶子)

一般为穷困潦倒的书生所穿,由于这些穷书生后来又发达了,所以叫作富贵衣

·富贵衣
《六国封相》苏秦

蟒是传统戏曲中"龙袍""蟒服"的简称，整体款式是仿照明代蟒服所制作的。明代官员是没有蟒服制度的，一般是皇帝赐服。在戏曲服饰中一般有男蟒和女蟒之分。

　　男蟒分为"十团龙老生蟒""散团龙小生蟒""大龙净角蟒""改良蟒"。

皇帽

髯口

团龙纹

水袖

玉带

黄团龙蟒

蟒水

厚底靴

·黄团龙蟒
《上天台，打金砖》刘秀

十团龙老生蟒，前胸、后背和双肩绣坐龙，膝盖和两袖朝外绣偏龙，左右纹样对称，布局规格严谨，既稳重又大方

折扇

凤冠

泡子

云肩

水袖

云穿牡丹

玉带

女蟒分为旦角蟒、老旦蟒和镶边女蟒。旦角蟒一般是后妃、公主、郡主、贵妇和女将等角色穿着的。

女蟒

腰包

穿的时候，肩部围大云肩，腰上挂玉带，内系裙子

· 女蟒
《贵妃醉酒》杨贵妃

官衣一般是模仿明代文武官常服制作而成的。其特点之一是前胸与后背各缀有方形补子。

官衣一般为男士所穿，一般以衣服颜色来区分官阶。

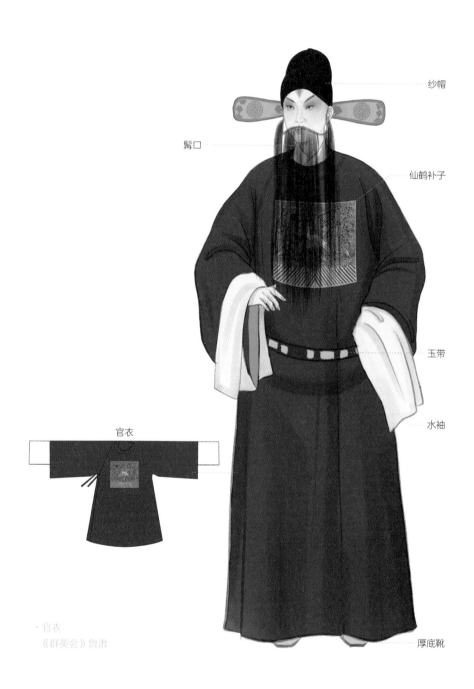

纱帽

髯口

仙鹤补子

玉带

水袖

官衣

·官衣
《群英会》鲁肃

厚底靴

帔有男帔和女帔之分，款式基本相同。夫妻同场时穿的花纹与颜色相同的帔叫作"对帔"。

明黄彩线绣勾金龙帔为皇帝在后宫穿的便服，大红绉缎五彩线绣勾金牡丹团花帔为新科状元或者官吏新婚时的礼服，紫绉缎三灰线绣勾金银"五蝠捧寿"团帔多为"员外帔"。

纱帽

水袖

男帔

厚底靴

· 男红帔
《望江亭》白士中

女帔衣长只过膝盖，
有团花对帔、角花帔、闺门
帔和观音帔。

翠凤

泡子

齐眉穗

古装头

花联

鬓花

水袖

女红帔

腰包

· 正工青衣女红帔
《望江亭》谭记儿

明黄绉缎五彩线绣勾金"凤
穿牡丹"团花帔为皇后、贵
妃专用，红绉缎五彩线绣勾
金牡丹回纹团花帔多为年轻
贵妇、新娘的礼服，宝蓝绉
缎彩线勾金团花帔为中年贵
妇穿着，粉红、皓月紫罗兰
等绉缎角花披多为花旦、闺
门旦穿着

折扇

凤冠

泡子

云肩

水袖

趟袖

飘带

专用衣一般有宫装、太监衣、八卦衣、鹤氅、法衣和袈裟等，是特定人物使用的衣物。

宫装也叫舞衣，非常华丽，但是不适合出现在庄严隆重的场合。

宫装

·宫装
《贵妃醉酒》杨贵妃

褶，中国戏曲服饰专用名称，也称褶子、道袍，即斜领长衫，分为男褶子和女褶子两大类。

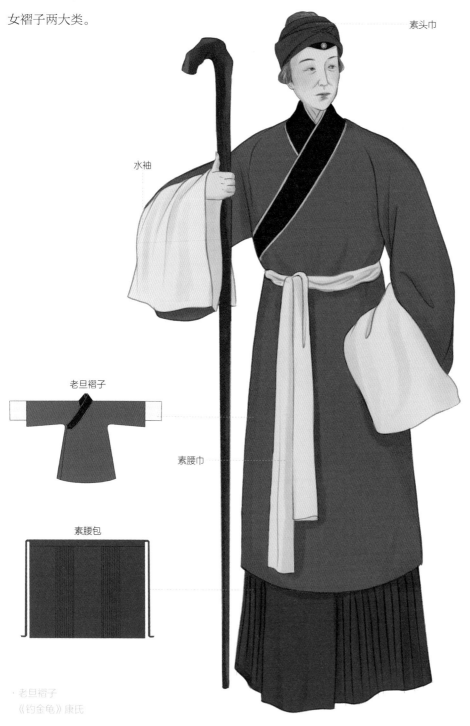

素头巾

水袖

老旦褶子

素腰巾

素腰包

· 老旦褶子
《钓金龟》康氏

女褶子分花褶子、素褶子、宫女衣和女富贵衣等。一般为对襟，竖领，长过膝盖，侧面开衩，袖端缀水袖。

拂尘

道姑帽

泡子

正凤

鬉花

水田纹坎肩

绦带

素褶子

水袖

腰包

褶子是目前戏曲舞台上用途最广、最为常见的袍服类服装

彩鞋

道姑水田纹坎肩配素褶子
《玉簪记》陈妙常

依据纹绣的区别，男褶子分为团花褶子、满花褶子和角花褶子等。根据面料的不同又分为软褶子和硬褶子。

花褶子   文丑花褶子

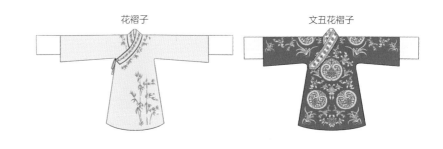

文生巾

荷叶巾

髯口

水袖

水袖

折扇

绦带

朝方

厚底靴

· 文小生花褶子
《梁山伯与祝英台》梁山伯

· 《蒋干盗书》文丑花褶子

4.2 二衣箱

传统戏曲中角色所穿的靠、箭衣、打衣裤等武服，统称为"二衣"。放置武服的衣箱称为"二衣箱"。

靠，也叫"甲"，分为男靠和女靠。根据扎扮又分为"硬靠"和"软靠"，背部扎靠旗的为硬靠，不扎的叫软靠。多为将帅穿用，一般将帅扎上五色，反将扎下五色。

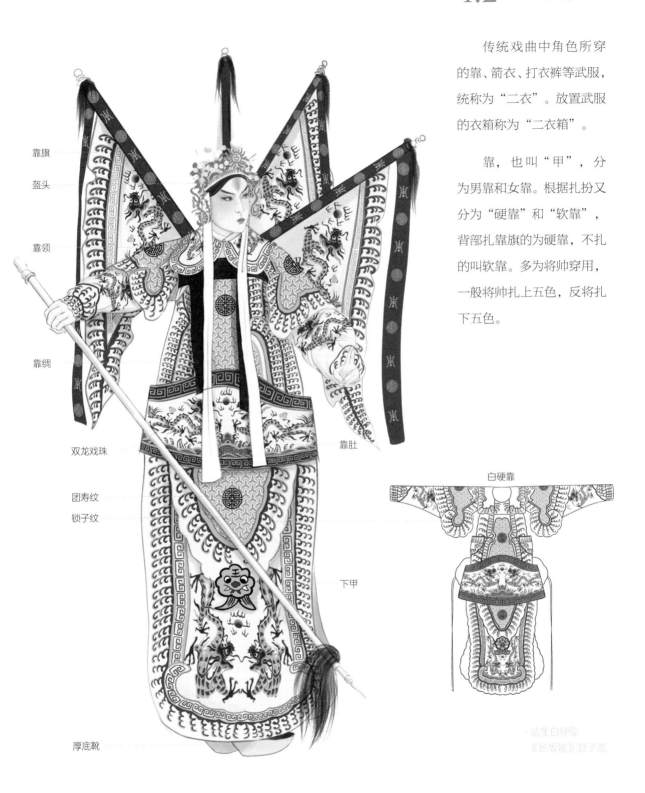

靠旗

盔头

靠领

靠绸

双龙戏珠

团寿纹

锁子纹

靠肚

下甲

厚底靴

白硬靠

武生白硬靠
《长坂坡》赵子龙

女靠一般由女将帅穿
着，比较出名的有杨门女
将、梁红玉、扈三娘。

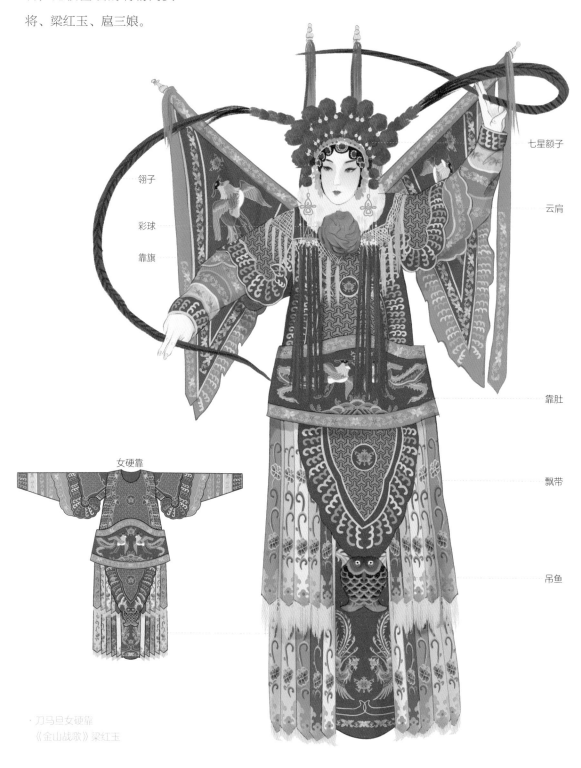

翎子

彩球

靠旗

女硬靠

·刀马旦女硬靠
《金山战歌》梁红玉

七星额子

云肩

靠肚

飘带

吊鱼

第 5 章

二十四节气
的穿搭与习俗

5.1

立春

冬去春来，万物始发。立春是二十四节气之
首，是春季的开始，此时万物开始慢慢地苏醒，
春节也在立春前后到来。

律回岁晚冰霜少，
春到人间草木知。
便觉眼前生意满，
东风吹水绿参差。

——《立春偶成》宋 张栻

在立春时节，天气还会有些寒意，所以还是
要以保暖功能的服装为主，浅色系的服饰可以更
好地凸显立春时节的色彩，推荐穿竖领袄搭配百
褶裙。

立春

153

立春习俗：

> 吃春卷，贴春联

不管在南方还是在北方，立春之时都要"咬春"，寓意迎新春，盼丰收。南方的春卷需要炸得喷香、金黄，北方多用薄饼包春菜。

春饼

春联

乾坤萬國春　天地三陽泰

立春的时候，人们会
在门口贴春联，表达了人们
对幸福生活的向往和对未
来的美好祝愿。

155

雨水

　　春雨散落，润物无声。雨水是二十四节气的第2
个节气。雨水节气到来，干燥的冬季已经过去，气温
开始有所回升，降雨开始增多，元宵节到来。

　　　　　　天街小雨润如酥，
　　　　　　草色遥看近却无。
　　　　　　最是一年春好处，
　　　　　　绝胜烟柳满皇都。

　　——《早春呈水部张十八员外》（其一）唐 韩愈

　　雨水时节虽然天气开始回暖，但是还要注意保暖。
热闹的元宵节也要到来，所以可以搭配很适合元宵节
灯会的穿着，通肩竖领对襟短衫搭配织金马面裙，显
得隆重又保暖。

雨水习俗：

吃甜汤，赏灯会

　　古人饮食没有现在这么丰富，人们在春天的时候会吃些甜汤来补充能量，滋补身体，如红枣蜂蜜甜汤、汤圆、元宵等，在元宵节更是不能少了一碗热乎乎、甜腻腻的元宵或汤圆。

　　灯会是元宵节的重要活动，也是一年中第 1 个月圆的日子，是春日里最为热闹的节目之一，大地回春，人们在此夜庆贺新春的延续。

绛纱灯

羊角灯

灯会上的绛纱灯、羊角灯、兔子灯、荷花灯比比皆是，照亮了一整年的开始，阖家团聚，其乐融融。

5.3

惊蛰

春雷初响，蛰虫惊醒。蛰是冬眠的意思，春雷开始响的时候，冬眠的小动物就会开始苏醒。

微雨众卉新，一雷惊蛰始。
田家几日闲，耕种从此起。
丁壮俱在野，场圃亦就理。
归来景常晏，饮犊西涧水。
饥劬（qú）不自苦，膏泽且为喜。
仓廪无宿储，徭役犹未已。
方惭不耕者，禄食出闾里。

——《观田家》唐 韦应物

惊蛰时节，气温回升很快，日照时间也明显增长，小草也开始长出来，桃花开始开放，春天的浪漫气息扑面而来，大地之间有了色彩，在服饰上也可以加入一些鲜嫩的颜色。冬衣也可以脱下了。

惊蛰

惊蛰习俗：

> 吃梨、醪酒、枇杷

　　惊蛰吃梨是北方的传统习俗，"梨"与"离"同音，指要远离害虫。这个时节算是换季时期，比较干燥，吃梨既能生津止渴，又能化痰止咳，滋润身体。

梨

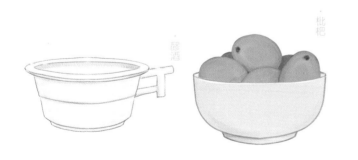

醪酒是用糯米或者大米发酵酿造而成的，口味香甜醇美。在西北地区喝得比较多，可以使人身体更暖和的同时提神解乏。

惊蛰时节，天气回暖，但是同样地各种病菌也会活跃起来，要清淡饮食，多吃新鲜的瓜果。这时，枇杷也上市了，不妨多吃些枇杷，也可以用枇杷酿枇杷蜜。

5.4

春分

南燕北飞，昼夜平分。春分这一天太阳直射赤道，白天和夜晚一样长，中国大部分地区基本都进入了春天。春分也意味着，春天已经过去一半了。

春分雨脚落声微，柳岸斜风带客归。
时令北方偏向晚，可知早有绿腰肥。

——《七绝·苏醒》宋 徐铉

春分时节，细雨绵绵，天气也会以小雨为主，面对倒春寒，衣服还是不能减太多，棉麻质地的服饰在这个时节最为合适，透气也容易干。适合穿着以大片的顺色系为主的服饰。

春分习俗:

吃春菜、樱桃，竖鸡蛋

在中国各个地区都有春分吃春菜的习俗。也可将春菜和鲜鱼共同烹饪，制成春汤，喝了春汤，平安健康。

春分时平分了昼夜，此时应注意保持身体的平衡，少吃大寒、大热和肥腻的食物。应季的水果有樱桃，可直接吃，也可以用樱桃煮甜汤食用。

樱桃

竖鸡蛋

还有玩竖鸡蛋的习俗，将生鸡蛋竖立在桌上不倒下就算赢，有道是"春分到，蛋儿俏"。

5.5

清明

万物去故，盛春正浓。在中国的六大传统节日中，只有清明节是以节气命名的。清明节也是很重要的祭祀祖先的日子。

清明时节雨纷纷，路上行人欲断魂。
借问酒家何处有？牧童遥指杏花村。

——《清明》唐 杜牧

因为整个节气里有祭祀习俗，所以在穿着上还是以朴素为主，交领上襦最为合适。尽量减少颜色的搭配，以顺色系为主。

清明习俗：

> 吃青团、发糕，放风筝，插柳

　　江南人喜欢在清明时节吃青团。用绿色的艾草汁和糯米粉混合制作外皮，再包裹上各种馅料，甜的有豆沙、芝麻、核桃等馅的，咸的有荠菜肉、梅干菜肉、青菜笋肉等馅的。蒸好的青团油绿如碧玉，清香扑鼻，口感细腻，令人食欲大开。

青团

发糕

　　在广东湛江，清明节一般吃发糕。它是用糯米蒸制而成的，甜而不腻，好吃还不会上火。

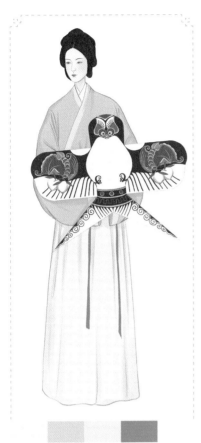

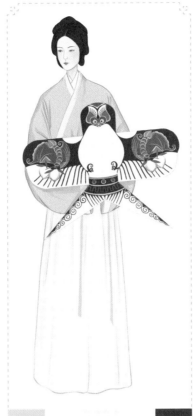

沙燕风筝

插柳

　　清明节也会放风筝。在古代，人们会在风筝上画上代表疾病的图案，当风筝飞到空中的时候，剪断线，让风筝带走病痛和厄运。

　　清明插柳也是流传已久的习俗，插柳可以消灾除祸，也有人说是为了纪念友人。

谷雨

　　雨生百谷，春日将尽。谷雨是春季的最后一个节气。多雨的时节，有利于谷物的旺盛生长。

　　邵平瓜地接吾庐，谷雨干时手自锄。
　　昨日春风欺不在，就床吹落读残书。

——《老圃堂》唐 曹邺

　　到了谷雨时节，最适合的就是喝上一杯谷雨茶了。此时天气变暖，可以搭配淑女一些的交领上襦和百褶裙，配色以清新、温柔的颜色为宜，这样的搭配把春日里的色彩体现得淋漓尽致。

谷雨

谷雨习俗：

> 吃香椿，喝谷雨茶，吃乌米饭

在谷雨时节，人们会采摘春日里的香椿叶食用，谐音为"吃春"。

谷雨茶是南方地区在谷雨时节采制的春茶。谷雨这天采制的春茶香气怡人，明目清火。

谷雨茶

香椿叶

乌米饭

谷雨时节，吃乌米饭也是江南地区的习俗。采摘南烛叶，以南烛叶汁染白色糯米饭，最后制成乌米饭，可以蘸白糖吃，也可以做成乌米粽子和乌米菜饼。

5.7

立夏

草木成荫，风带暑来。立夏是即将告别春天，迎来夏天。

绿树阴浓夏日长，楼台倒影入池塘。
水晶帘动微风起，满架蔷薇一院香。

——《山亭夏日》唐 高骈

因为气温升高，大家穿的衣服也会减少，竖领对襟长衫是一个不错的选择。竖领长衫搭配主腰和百迭裙就可以很好地适应此时的天气，在色系方面可以选择更为柔和的大片色系。

立夏习俗：

吃立夏饭，挂蛋

传统的立夏饭会用红豆、黄豆、黑豆和
绿豆等混合大米煮制，也被称为"五色饭"。

立夏饭

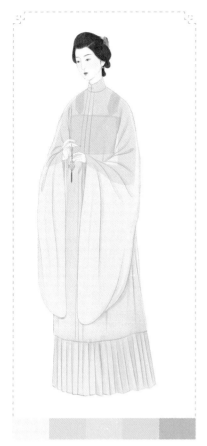
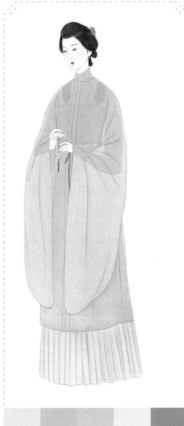
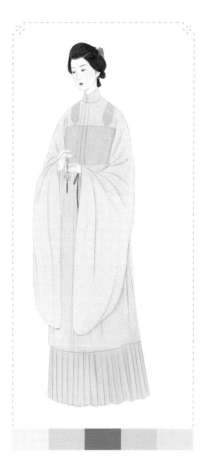

挂蛋

江浙一带，立夏这天，大人们会把熟鸡蛋装在用五彩丝带编织的蛋网中，挂在小孩们的脖子上，小孩们就去"斗蛋"，鸡蛋相互碰撞，破了就输了，没破的则赢。

小满

江河渐满，麦粒渐圆。夏熟作物在此时开始变得饱满，但还未成熟，所以叫小满。"满"一般是指雨水的盈缺。

夜莺啼绿柳，皓月醒长空。
最爱垄头麦，迎风笑落红。

——《五绝·小满》宋 欧阳修

小满代表夏日的来临，色彩开始明艳起来，撞色系的搭配可以用起来，唐代的齐胸衫裙可以穿起来了。

小满习俗:

> 吃苦菜、冬瓜、李子

苦菜

　　小满前后很多地方的苦菜长得正旺盛，此时是吃苦菜的最佳时期。苦菜不仅有食用价值，还有一定的药用价值。

李子

冬瓜

小满时期，气温升高，而且容易下雨，在这个时期身体的湿气较重，多吃冬瓜、李子等祛湿气的食物。

5.9

芒种

梅雨漫漫，收麦种稻。这个时期的农事活动比较多，民间有说法"有芒的麦子可收，有芒的稻子可种"，所以称为"芒种"。

黄梅时节家家雨，青草池塘处处蛙。
有约不来过夜半，闲敲棋子落灯花。

——《约客》宋 赵师秀

此时期温度升高了，比较适合穿着纯色系汉服，可以选择暗纹多一些的如花罗这类面料，显得更为低调、奢华。

芒种习俗：

煮青梅，包粽子，挂艾草

芒种时期，南方的梅子成熟了，但青涩的梅子无法直接入口，味道比较酸涩，需要煮熟加工后才能食用。所以煮青梅成了这个时节很浪漫的事，煮熟的青梅是清凉解暑和生津的良品。

·包粽子·

·挂艾草·

端午节在芒种时节到来，虽然南北的习俗不一样，但是包粽子、吃粽子肯定是不可或缺的。

端午节时，家家户户会在门口挂上艾草，用以驱虫辟邪。

5.10

夏至

　　白昼最长，炎夏将至。夏至这日，太阳直射北回归线，是北半球一年中白昼最长的一天。

　　　　杨柳青青江水平，
　　　　闻郎江上踏歌声。
　　　　东边日出西边雨，
　　　　道是无晴却有晴。

　　　　　　　——《竹枝词》唐 刘禹锡

　　夏至时节，气温较高，经常出现雷阵雨，梅雨季节还未结束，但是日照时间又比较长，这个时候适合穿着武周时期的袒领服饰，衣服款式透气也显得人更为高挑。亮色的搭配可以更好地凸显整个人清新的气质。

夏至习俗：

> 吃夏至饼，祭神

　　夏至这一天，江南地区会烙夏至饼吃。把新面和好，擀成薄饼，包裹青菜腊肉之类的烤熟了吃。

夏至饼

祭神

祭神也是自古以来的习俗，不仅是为了感谢上天赐予的丰收，也是为了祈求秋收作物能获得大丰收。

小暑

梅雨已尽，伏天来临。暑也就是热，意味着炎
热的天气刚刚开始，不过还没到一年中最热的时候，
从此进入伏天，在天气炎热的情况下，不适合多运动。

携扶来追柳外凉，
画桥南畔倚胡床。
月明船笛参差起，
风定池莲自在香。

——《纳凉》宋 秦观

因为天气炎热，无袖竖领衫在这个季节流行开
来；汉服也一样可以很透气舒服，无袖的设计，更好
地适应了天气；在颜色方面可以选择比较浅的颜色。

小暑

小暑习俗:

納涼

　　正如《秦观》写的那样，小暑开始，纳
凉成了大家的娱乐活动之一，纳凉之际也可
以吃些应季的绿豆芽、莲藕等。

蝠桃图黑漆
或螺钿柄团扇

花蝶图雕竹苕纹
边柄团扇

花蝶图紫漆
描金柄团扇

大暑

季夏当值，酷热正盛。大暑正值"三伏天"里的"中伏天"，这段时间气温最高，天气最炎热。闷热往往是这个时期的代名词。

毕竟西湖六月中，
风光不与四时同。
接天莲叶无穷碧，
映日荷花别样红。

——《晓初净慈寺送林子方》宋 杨万里

因为天气过于炎热，宋制的抹胸加上宋裤和无袖背心最为合适，宋裤在宋代夏季尤其流行，是不遑多让的第一选择。

大暑习俗：

> 吃西瓜、莲子、仙人草，
> 喝绿豆汤，撑油纸伞

大暑时期，天气炎热，一定要预防暑热，这个时候可以多吃一些清热解暑的食物，如西瓜、莲子、绿豆汤等。

·莲蓬

·西瓜

·绿豆汤

仙草

油纸伞

广东人在这个时期会吃烧仙草，口感像是果冻一般，和冰沙混合在一起，清热解暑。

大暑时节出门的时候会感受到太阳暴晒、酷热难挡，不如带上一把油纸伞出门，可以遮蔽阳光。

5.13

立秋

　　盛夏将尽，初秋将至。立秋是秋天的第 1 个
节气。"立秋之日凉风至"，但是往往这个时期，
暑气还没消，没有进入真正的秋季，气温还是比
较高的。

　　银烛秋光冷画屏，轻罗小扇扑流萤。
　　天阶夜色凉如水，卧看牵牛织女星。

——《秋夕》唐 杜牧

　　因为还没有正式进入秋季，衣服还是会搭配
得单薄一些，宽袖的宋褙子是一个不错的选择。
在袖缘和领缘以绡金装饰，秋日的金黄色从此处
而来。

立秋

立秋习俗：

吃秋桃，穿针乞巧

江浙一带有立秋吃秋桃的习俗，吃完果肉把桃核收起来，在除夕日烧掉，民间传说这样可以保佑一年不生病，去瘟疫。

桃子

针线包

立秋时节，七夕节会到来。七夕之夜，女子会拿着五色的丝线和连续排列的九孔针，迎着月光，快速将线穿过九孔针，而将线全部穿过称为"得巧"，所以除了现在各种商家标榜的七夕情人节，七夕更是比拼女子手艺的节日。

5.14

处暑

　　暑气消散，凉气初生。处的意思是终止，因此处暑则代表着暑气散尽，炎热的夏天结束了，秋天将要真正到来。传统节日里的中元节将在这个时期到来。

　　空山新雨后，天气晚来秋。
　　明月松间照，清泉石上流。
　　　　　　　——《山居秋暝》（节选）唐 王维

　　天气开始渐渐地凉了，这个时候不妨试试唐代的大袖披衫搭配长裙，不仅可以保温，而且整体也是仙气感十足。配色上可以选用比较艳丽的色彩。

处暑习俗：

> 吃龙眼、菱角，放河灯

　　处暑到了以后，人们便不需要再避暑了。福建地区人们习惯在处暑吃龙眼，也有用龙眼煮甜汤来喝的。

龙眼

河灯

菱角

农历七月十五日是中元节，人们会把荷花灯放入河水中，借此表达对已故亲人的思念，并寄托美好的祝愿。

处暑时节，温差比较大，要注意保暖，初秋的气候比较干燥，这时可以吃一些应季的菱角、西芹等补充维生素，预防秋季的干燥。

5.15

白露

秋意袭来，露凝而白。白露时节白天和夜晚温差越来越大，夜里的水汽会在地面凝结成露，早上，露珠在阳光下晶莹剔透，谓之白露。

戍鼓断人行，边秋一雁声。
露从今夜白，月是故乡明。

——《月夜忆舍弟》（节选）唐 杜甫

白露听起来就是非常干净的时节，同时伴随着温差大，黄昇墓同款的绣花长褙子搭配工字褶抹胸、百褶裙是绝佳的组合。色彩上以干净的色系为主，顺色系和低饱和颜色在这样的款式上更为流行。

白露习俗：

> 吃十样白，酿白露酒

　　白露时节，很多地方用糯米、高粱等五谷来酿酒，白露米酒更为香甜。

　　江浙地区的人们会在白露这天采集"十样白"，也就是 10 种带"白"字的草药来炖乌骨白毛鸡，很是滋补，可以很好地"补秋"。

白露酒

十样白

白茯苓

白百合

白扁豆

白芨

白晒参

白山药

白芍

白莲子

白茅根

白术

5.16

秋分

昼夜等长，秋季平分。秋分当日，太阳直射赤道，白天和夜晚等长。秋分时节，中国大部分地区已经进入秋季了，到了"一场秋雨一场寒"的日子了。

金气秋分，风清露冷秋期半。
凉蟾光满，桂子飘香远。
素练宽衣，仙仗明飞观。
霓裳乱，银桥人散，吹彻昭华管。

——《点绛唇·金气秋分》宋 谢逸

相对保暖的明制竖领斜襟长衫和马面裙在这个季节可以派上用场了。以暗纹绸缎为主，整体低调华丽，色彩清淡但是高级感不减。

秋分

213

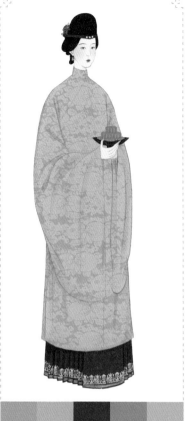

秋分习俗：

吃秋菜、月饼，喝秋汤，祭月

　　类似于春天要吃春菜，秋分这一天也是要吃秋菜。将这一日采摘的野菜和鱼片同煮，做成秋汤喝，也可以将野菜凉拌了直接食用。民间传说，吃了秋菜，喝了秋汤，平安健康。

　　中秋节在这个时节到来，吃月饼是这个季节最普遍的习俗了，月饼意味着团圆，南北口味和做法并不一样，口味也是甜咸各异。

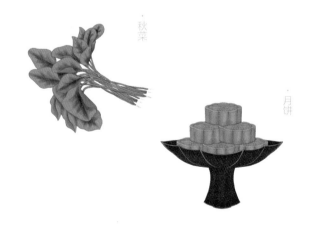

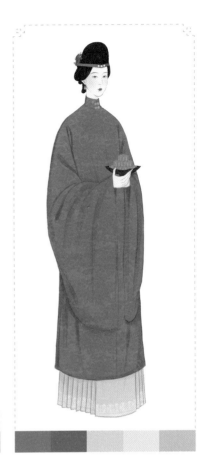

秋分曾是传统的"祭月节"，古时人们朝着月亮的方向摆上月饼、苹果、红枣、果仁等食物拜祭，祈求月神的保佑。

5.17

寒露

秋寒渐浓，露水遍处。此时节气温进一步降低，露水会部分凝结成霜，因此称为寒露，传统节日重阳节会在这个节气中到来。

一道残阳铺水中，
半江瑟瑟半江红。
可怜九月初三夜，
露似真珠月似弓。

——《暮江吟》唐 白居易

因为气温降低，穿衣也会相对厚重起来。寒露时节，大地上一派秋景，不如试试交领短袄搭配妆花马面裙，可以选择较深的色系，以此配合着秋日里的色彩与温度。

寒露习俗：

> 喝菊花酒，吃重阳糕、螃蟹、板栗

　　很多地方在重阳节这一天都会喝菊花酒，菊花酒也是菊花米酒，由菊花、糯米加上酒曲酿制而成，在古代的时候也称为"长寿酒"，在秋日里，吃完螃蟹再来一杯菊花酒，暖胃又惬意。

　　随着雨水的减少，皮肤也会变得很干燥，秋天的板栗用来煮甜汤是再好不过的选择了。

菊花酒

板栗

重阳糕

螃蟹

　　九月初九是重阳节，这一天，江浙地区人们一定会吃上用糯米制作的重阳糕，还要去孝敬老人，所以这一日也称为"敬老节"。

　　寒露时节，螃蟹肥美，在寒露时期吃螃蟹也是中国一直以来的习俗。螃蟹性寒，不可多食。

霜降

时至深秋，大地初霜。地面的水汽遇到冷空气会凝结

成霜，因此称为霜降。霜降时气候已经较为寒冷。

远上寒山石径斜，

白云生处有人家。

停车坐爱枫林晚，

霜叶红于二月花。

——《山行》唐 杜牧

霜降时节注意保温，明制的竖领对襟短衫搭配百褶裙

是不错的选择。这个时期的枫叶已经红了，大地上红彤彤

的色彩很是美妙，汉服颜色可以与之相对应，深红色、橘色、

绛红色都可以用起来。

霜降习俗:

捡桑叶，拔萝卜

　　不少地方会在霜降时期捡被霜打落的桑叶，据说霜打的桑叶药用价值更高，煮水泡脚也可以疏风祛湿。

桑叶

·白萝卜

山东地区有霜降拔萝卜的习俗，因为这个时期正是萝卜收获的时节，而霜降以后萝卜会面临着冻坏的风险。秋冬多吃萝卜，对身体很好。

5.19

立冬

　　寒冬伊始，万物收藏。立冬表示冬季来临，此时农作物已经装入库中藏好，动物们也会开始冬眠。立冬不仅仅是一个节气，同时也是一个重要的节日。

荷尽已无擎雨盖，
菊残犹有傲霜枝。
一年好景君须记，
最是橙黄橘绿时。

——《赠刘景文》宋 苏轼

　　立冬时节，中国大部分区域有大幅度的降温，降水会减少，容易出现大雾的天气。在服饰上，可选择较为方便行动的唐制圆领袍加上冬靴的搭配。

立冬习俗：

> 吃饺子、甘蔗

　　北方有立冬吃饺子的习俗，认为吃了饺子冬天不会冻耳朵了。

潮汕地区的人们立冬要吃甘蔗，甘蔗有很好的滋补功效，也有用它来煮甜汤食用的。

小雪

雪花初飘，落地无踪。小雪时期天气寒冷，北方地区的降水也会从雨变成雪，但是雪相对比较少，所以称为小雪。

日暮苍山远，
天寒白屋贫。
柴门闻犬吠，
风雪夜归人。

——《逢雪宿芙蓉山主人》唐 刘长卿

因为寒潮的来袭，温度的降低，呢子料的汉服可以穿起来了。竖领斜襟琵琶袖短衫搭配方领对襟宽袖短袄、呢子马面裙可以起到很好的保温效果，出门时可以再搭配围巾。色彩可以选择干净的顺色系，是很清澈的冬日选择。

小雪习俗：

> 吃糍粑、铜锅涮肉

　　南方地区的人们会在小雪这天吃糍粑。将蒸熟的糯米捣碎以后做一锅热气腾腾的糍粑，可以增加身体热量，帮助过冬。

北方地区的人们在小
雪这天有吃涮肉的习惯。

5.21

大雪

漫天飞雪，落地成被。大雪比起小雪节气，天更冷了，下雪的可能性更高。

千山鸟飞绝，
万径人踪灭。
孤舟蓑笠翁，
独钓寒江雪。

——《江雪》唐 柳宗元

衣着搭配与小雪时节的差不多，出门的话可以再搭配帽子。

大雪习俗:

喝红薯粥，吃红枣糕，堆雪人

　　大雪这天，北方不少地方有煮红薯粥的习俗，红薯在冬日里可以很好地滋补身体，给予身体能量。

　　将干红枣蒸熟，去核，和面粉、红糖一起捣得软烂再蒸熟，做成红枣糕。陕西地区的人们更倾向这样的吃法。

红薯粥

红枣糕

漫天飞雪的季节里最
有意思的活动就是玩雪、堆
雪人、打雪仗了，不管什么
年龄，一到了雪地里就好像
回到了童年时无忧无虑的
日子。

冬至

白昼最短，严冬将至。冬至这天，北半球白天时间最短，夜晚时间最长。古代一直有"数九"的习俗，数九就是从冬至这日开始，同样气温也将大幅度下降。

终南阴岭秀，
积雪浮云端。
林表明霁色，
城中增暮寒。

——《终南望余雪》唐 祖咏

冬至后，北方进入了冰封的时期，而南方的温度一般还在0℃以上。披袄搭配马面裙是这个季节最好的搭配，可以选择比较温暖的色系。

冬至

冬至习俗：

> 吃馄饨、饺子，画九

江浙这边的人会在冬至这一日吃上一碗馄饨，暖心暖胃。而北方这边则是吃饺子，吃上一碗热腾腾的饺子，寒气也都被驱走了。

·馄饨

·饺子

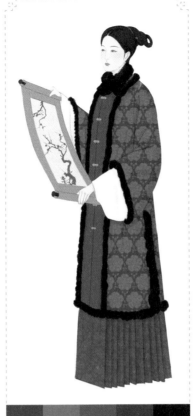

图寒消九九

民间有画《九九消寒图》的习俗。在白纸上画梅花或者铜钱，每个图案九笔，一笔对应一天，每天一笔，画完的时候，春天也就到来了。

小寒

冷气不断，积久而寒。小寒之后，天气更为寒冷了。
腊八节通常会在小寒时期到来。

众芳摇落独暄妍，
占尽风情向小园。
疏影横斜水清浅，
暗香浮动月黄昏。

——《山园小梅》（节选）宋 林逋

随着气温下降，服装整体也会变得更为厚重一些，
竖领对襟长袄搭配织金马面裙，再搭配一件毛绒斗篷，
十分保暖。

小寒

小寒习俗：

> 吃菜饭、腊八粥，煮梅花茶

小寒这天，江浙一带的人们会将咸肉片、香肠、糯米等放一起煮成菜饭食用，一般会用猪油烧制，非常可口软香。

农历腊月初八是腊八节。人们会将大米、小米、红枣、红豆、莲子等食材熬煮成粥，在南方一般还会放入排骨、芋头、蚕豆等煮成咸粥，而在北方多喝甜粥。

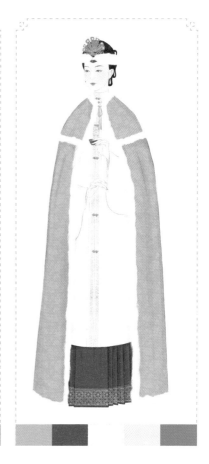

菜饭

腊八粥

梅花茶

在很多地方，小寒那天有煮梅花茶的习俗，摘取新鲜的梅花花瓣，煮成梅花茶，据说喝了梅花茶，来年就会很顺利。

5.24

大寒

严冬最盛，天寒地冻。大寒的来临意味着气温已经
降到了一年中最低的时候。

旧雪未及消，新雪又拥户。
阶前冻银床，檐头冰钟乳。
清日无光辉，烈风正号怒。
人口各有舌，言语不能吐。

——《大寒吟》宋 邵雍

大寒的时候，寒潮活动最为频繁，人们没事时大多
待在室内，那么穿着交领短袄搭配织金马面是很不错的
选择，如果要出门可以再选择一条合适的保暖斗篷。另
外也可以选一件披袄穿在外面，这样活动起来更为方便。

大寒

大寒习俗：

尾牙祭，吃八宝饭

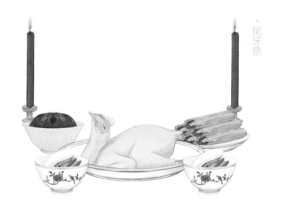

尾牙祭

　　每年的腊月十六是尾牙。到了这一天，家里从商的人们要摆上丰盛的宴席用以款待辛苦了一年的员工，现在也叫作"开年会"。

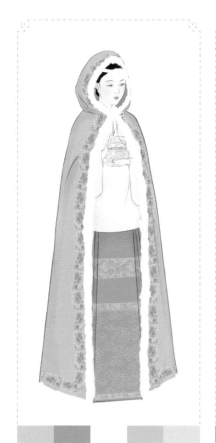
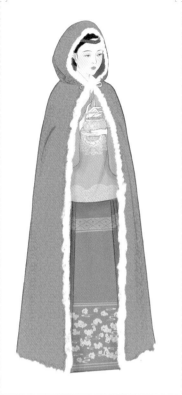

八宝饭

大寒这一天，江浙一带的人们会将糯米、百合、红枣混合在一起蒸熟，再浇上蜂蜜红糖汁，做成香甜的八宝饭，寓意新的一年甜甜蜜蜜。

后记

　　和顾小思老师初次相识源于一次约稿。期间从顾老师的视频中学到了很多关于传统服饰、茶道、香道及古代妆容的诸多知识，也被她对于传统文化深深的热爱所触动。我们二人一拍即合，分工合作。从确立方向到反复阅读资料，再到日复一日地绘制、写作，最终完成初稿。

　　我认为直观的形象复原是大众了解历史的一种更为直接的途径。相对于一些专业文献资料来说，画面更容易让大众理解和接受，我们选择插画图解的形式就源于此。我们从一些墓葬发掘报告、画作、人俑等提取归纳成一幅幅人物插画，再对各个部分进行标注，希望大家在阅读的过程中可以清晰直观、通俗易懂地了解汉服文化。

　　在完成所有画稿之后回看了一下时间，大概从 2020 年 12 月 10 日完成的第 1 张唐代的通天冠服到最后一张画，用了 421 天，大大小小、零零碎碎画了近 500 张图。它们饱含着我们对于绘画、传统文化的热爱，以及作为一个中国人对于我们传统文化传承的历史责任感，让我在"蜗居"环境的创作生活也变得格外充实和快乐。

　　同时我也开始在微博、小红书等一些社交平台发布与传统服饰相关的插画及一些绘制过程和方法，希望能让更多人通过插画了解到传统服饰的相关知识，也希望更多的人可以因此喜爱上传统服饰，领略到中国传统文化之美。

杜田

2022 年 2 月 5 日